W0268682

Friedrich Schiel

Statik der Pfahlwerke

Zweite neubearbeitete Auflage

Mit einem Abschnitt
Programmierte Pfahlwerksberechnung
von M. K. Shen

Springer-Verlag Berlin Heidelberg GmbH 1970

Dr.-Ing. habil. FRIEDRICH SCHIEL

Professor an der Escola de Engenharia de São Carlos
da Universidade de São Paulo

Mok KONG SHEN, B. Sc. (Eng.)

Institut für Stahlbau
der Technischen Hochschule München

Mit 35 Abbildungen

ISBN 978-3-540-05006-3   ISBN 978-3-642-93000-3 (eBook)
DOI 10.1007/978-3-642-93000-3

© by Springer-Verlag Berlin Heidelberg 1970

Library of Congress Catalog Card Number 74-85401

Titel Nr. 0899

Vorwort zur zweiten Auflage

Die Entwicklung der Pfahlgründungen ist in letzter Zeit vor allem durch die zunehmende Verwendung von Großbohrpfählen gekennzeichnet, die infolge ihres großen Durchmessers beträchtliche Momente und Querkräfte aufnehmen können. Die Berechnung solcher Pfahlwerke unter der Annahme gelenkigen Pfahlanschlusses ist dann auch als Näherung völlig unbrauchbar. Da einerseits die Bestimmung der Pfahlmomente meist zu einem unzumutbaren Aufwand bei Handrechnung führt und andererseits die Verwendung von Rechenautomaten sich immer mehr einbürgert, wurde in dieser Auflage versucht, die Behandlung eingespannter Pfähle möglichst zu schematisieren, um die Programmierung der Rechnung zu erleichtern.

Die Verwendung von Großbohrpfählen führt übrigens häufig zu Gründungen, die aus nur einem oder zwei Pfählen bestehen. Man benötigt dann hierfür eigentlich keine besondere Pfahlwerkstatik mehr, da solche Fälle ohne Mehraufwand auch nach den Regeln der allgemeinen Statik behandelt werden können.

Eine Pfahlgründung mit mehreren eingespannten Pfählen müßte im Sinne der allgemeinen Statik als mehrstieliger räumlicher Rahmen berechnet werden. Die an dieser komplizierten Aufgabe vorgenommene typische Vereinfachung, durch welche die Pfahlwerkstatik als Sondergebiet gekennzeichnet ist, besteht in der Annahme eines starren Blockes, in den die Pfähle von unten einbinden und der von oben die Belastungen erhält. Da in der Praxis aus wirtschaftlichen Gründen, nämlich zur Vermeidung von Schubbewehrung, ohnehin sehr große Blockdicken bevorzugt werden, sind hier nur jene Fälle in Betracht gezogen worden, in denen die Blockdeformationen als klein gegenüber den Pfahldeformationen und den Pfahlkopfverschiebungen angesehen werden können.

Die Annahme gelenkiger Pfahlanschlüsse wurde trotz ihres beschränkten Anwendungsbereiches als Ausgangspunkt beibehalten, denn die Behandlung eingespannter Pfähle wird dadurch nachher leichter verständlich. Außerdem kommen in der Praxis noch viele Pfahlwerke mit schlanken Pfählen vor, bei denen jene Annahme eine gute Näherung darstellt. Die zugehörigen Zahlenbeispiele sollen die Anwendung in solchen Fällen erleichtern. Gegenüber der ersten Auflage des Buches sind aber in der Theorie gelenkiger Pfähle viele Einzelheiten weggefallen, vor allem Kunstgriffe zur Vereinfachung aufwendiger Rechnungen, denn man hat ja nun immer die Möglichkeit, solche Rechnungen automatisch durchführen zu lassen.

Mit Einführung der programmierten Berechnung kann man auch weitere Aufgaben der Pfahlwerkstatik in Angriff nehmen, die ohne dieses Hilfsmittel nur äußerst mühsam behandelt werden können. Es wurden dementsprechend Verfahren zur plastischen Berechnung von Pfahlwerken und zur Untersuchung der elastischen Stabilität von Pfahlwerken mit großer Freilänge der Pfähle entwickelt. Die Ergebnisse solcher Berechnungen hängen natürlich in entscheidender Weise von den zugrunde gelegten Bodenkennziffern ab. Trotzdem wurde hier, ebenso wie in der ersten Auflage, auf den bodenmechanischen Teil der Aufgabe nicht eingegangen, da hierüber eine reiche Literatur vorliegt.

Das Kapitel V über programmierte Pfahlwerksberechnung wurde von Herrn M. K. SHEN, B.Sc. (Eng.), Assistent bei Professor K. LATZIN am Lehrstuhl für Stahlbau der T. H. München verfaßt, der mich auch bei der Abfassung des übrigen Manuskriptes mit klugen Ratschlägen unterstützt hat. Zum Testen der Programme und zur Berechnung der Beispiele hat das Leibniz-Rechenzentrum der Bayerischen Akademie der Wissenschaften die nötige Rechenzeit auf der Anlage TR 4 dankenswerterweise zur Verfügung gestellt.

Dem Springer-Verlag danke ich für die gute Ausstattung und für die erfreuliche Zusammenarbeit bei der Herstellung dieser Auflage.

São Carlos, im Mai 1969

Friedrich Schiel

Inhaltsverzeichnis

I. Elastische Berechnung bei gelenkigen Pfählen

A. Grundlagen

1. Voraussetzungen

Für ein gegebenes Pfahlwerk und eine gegebene Belastung sollen die Kräfte in den Pfählen berechnet werden, und zwar unter folgenden Annahmen:

1. Der an den Pfahlköpfen befestigte Block ist genügend steif, um seine Formänderungen im Vergleich zu den Längenänderungen der Pfähle vernachlässigen zu können — *starrer Block*.

2. Die Pfähle sind genügend dünn und die Verschiebung des Blockes ist genügend klein, um sowohl die durch Verschiebung hervorgerufenen Pfahlmoment als auch seitlichen passiven Erddruck auf die Pfähle vernachlässigen zu können, d. h. die Pfähle verhalten sich so, als ob ihre Enden am Block und am Boden mit Gelenken angeschlossen wären — *gelenkige Pfähle*.

3. Die axial wirkende Pfahlkraft ist proportional der Projektion der Pfahlkopfverschiebung auf die Pfahlachse — *Hookesches Gesetz*.

Offenbar stellen diese Voraussetzungen eine Idealisierung des wirklichen Verhaltens dar, die in vielen Fällen nicht einmal annähernd zutreffen kann, während in anderen Fällen die Übereinstimmung mit der Wirklichkeit gut ist. Die Theorie der gelenkigen Pfähle benötigt man aber auf jeden Fall, denn sie dient auch als Ausgangspunkt für die Theorie der eingespannten Pfähle.

Was die angenommene Starrheit des Blockes betrifft, ist zunächst anzumerken, daß diese Annahme bei statisch bestimmten Pfahlwerken nicht erfüllt zu sein braucht, da hierbei die Steifheit des Blockes keine Rolle spielt. Der Pfahlblock erhält meist schon aus wirtschaftlichen Gründen eine große Steifheit, um die Betonschubspannungen so klein zu halten, daß sich eine Schubbewehrung erübrigt. Der auf die Pfähle gestützte *elastische* Block stellt eine Aufgabe der allgemeinen Statik dar, da hierfür die kennzeichnenden Verfahren der Pfahlwerkstatik nicht angewendet werden können.

Die dritte Voraussetzung der Proportionalität zwischen Pfahlkraft und Kopfverschiebungsprojektion wird in dem Kapitel über plastische Berechnung nicht mehr aufrechterhalten.

2. Erklärung einiger Grundgrößen

Als Achsenkreuz wählen wir ein Rechtssystem x, y, z, dessen x-Achse im allgemeinen senkrecht nach unten zeigt. Die Pfähle erhalten laufende Nummern $1, 2, \ldots, i, \ldots, n$. Die Koordinaten des Pfahlkopfes erhalten die Pfahlnummern als Index, also x_i, y_i, z_i für den Pfahl i. Die Winkel, welche die Pfahlachse mit den Koordinatenachsen bildet, seien mit α, β, γ bezeichnet.

In praktischen Entfwurfszeichnungen ist der Pfahl i gegeben durch die Lage des Kopfes B_i, den Rammwinkel α_i und den Richtungswinkel ω_i

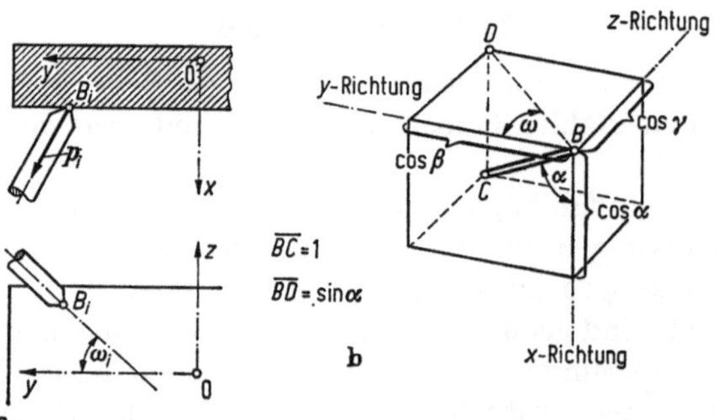

Abb. 1. Beziehung zwischen den Winkeln

im Grundriß, das ist die Projektion auf die y/z-Ebene (s. Abb. 1a). Die fehlenden Winkel β und γ findet man nach Abb. 1b durch die Projektionen einer auf der Pfahlachse angenommenen Strecke $\overline{BC} = 1$:

$$\cos\beta = \sin\alpha\,\cos\omega, \qquad \cos\gamma = \sin\alpha\,\sin\omega. \tag{1}$$

Aus formalen rechentechnischen Gründen benützen wir als Parameter zur Bestimmung der Lage eines Pfahles i die Komponenten eines in der Pfahlachse wirkenden Einheitsvektors $\boldsymbol{p}_i$ einschließlich seiner statischen Momente in bezug auf die Achsen.

$$\left.\begin{aligned}
\text{Komponente in } x\text{-Richtung} &= p_x = \cos\alpha \\
\text{Komponente in } y\text{-Richtung} &= p_y = \cos\beta = \sin\alpha\,\cos\omega \\
\text{Komponente in } z\text{-Richtung} &= p_z = \cos\gamma = \sin\alpha\,\sin\omega \\
\text{Moment um } x\text{-Achse} &= p_a = y\,p_z - z\,p_y \\
\text{Moment um } y\text{-Achse} &= p_b = z\,p_x - x\,p_z \\
\text{Moment um } z\text{-Achse} &= p_c = x\,p_y - y\,p_x.
\end{aligned}\right\} \tag{2}$$

Die zweite Gruppe der Formeln (2) kann man auch in Matrizenform schreiben:

$$(p_a\,p_b\,p_c) = (p_x\,p_y\,p_z)\begin{pmatrix} 0 & z & -y \\ -z & 0 & x \\ y & -x & 0 \end{pmatrix}. \tag{2a}$$

Diese Werte, zusammengestellt für alle Pfähle bilden die *Pfahlmatrix*

$$P = \begin{pmatrix} p_{x1} & p_{x2} & \cdots & p_{xn} \\ p_{y1} & p_{y2} & \cdots & p_{yn} \\ p_{z1} & \cdot & \cdots & \cdot \\ p_{a1} & \cdot & \cdots & \cdot \\ p_{b1} & \cdot & \cdots & \cdot \\ p_{c1} & \cdot & \cdots & p_{cn} \end{pmatrix}. \tag{2b}$$

Zum Pfahl i gehört die Spaltenmatrix p_i. Aus Platzgründen werden wir die Spaltenmatrizen meist transponiert, d. h. als Zeile schreiben, also

$$p_i^T = (p_x \, p_y \, p_z \, p_a \, p_b \, p_c)_i.$$

Matrizen kennzeichnen wir durch Fettdruck.

Die Lage einer Pfahlachse ist durch 4 unabhängige Parameter bestimmt. Es bestehen zwischen den 6 hier verwendeten Parametern eines Pfahles folgende Beziehungen:

$$p_x^2 + p_y^2 + p_z^2 = 1, \tag{3}$$

$$p_x \, p_a + p_y \, p_b + p_z \, p_c = 0. \tag{4}$$

Es sind nämlich p_x, p_y, p_z die Komponenten eines Einheitsvektors. Sein Moment in bezug auf den Ursprung mit den Komponenten p_a, p_b, p_c muß auf ihm senkrecht stehen (skalares Produkt = 0).

Die *Belastung* sei folgendermaßen bezeichnet:

R_x = Summe der Lastkomponenten in x-Richtung,

R_y = Summe der Lastkomponenten in y-Richtung,

R_z = Summe der Lastkomponenten in z-Richtung,

R_a = Summe der Lastmomente in bezug auf die x-Achse,

R_b = Summe der Lastmomente in bezug auf die y-Achse,

R_c = Summe der Lastmomente in bezug auf die z-Achse.

Diese Werte in eine Spalte angeordnet nennen wir *Belastungsmatrix* R.

$$R^T = (R_x \, R_y \, R_z \, R_a \, R_b \, R_c). \tag{5}$$

Bei Änderung des Bezugssystems bleibt die resultierende Belastungskraft $\sqrt{R_x^2 + R_y^2 + R_z^2}$ unverändert. Das auf den Ursprung bezogene resultierende Belastungsmoment $\sqrt{R_a^2 + R_b^2 + R_c^2}$ hängt dagegen von der Lage des Ursprunges ab. Wenn bei von Null verschiedenem Kraftanteil zwischen den R-Komponenten die Beziehung (4) besteht,

$$R_x \, R_a + R_y \, R_b + R_z \, R_c = 0$$

dann haben wir den Sonderfall einer Belastung durch eine Einzelkraft, deren Lage durch R_a, R_b, R_c bestimmt ist. Im allgemeinen Fall läßt sich $\boldsymbol{R}$ nicht durch eine Kraft allein darstellen.

Die Pfähle erhalten infolge des vorausgesetzten gelenkigen Anschlusses keine Biegemomente und Querkräfte, sondern nur Normalkräfte, die wir mit $N_1, N_2, \ldots, N_i, \ldots, N_n$ bezeichnen und im Falle einer *Druckkraft* als *positiv* ansehen wollen. Diese Werte, in einer Spalte angeordnet, ergeben die Pfahlkraftmatrix

$$N = \begin{pmatrix} N_1 \\ N_2 \\ \vdots \\ N_n \end{pmatrix}. \tag{6}$$

3. Einteilung nach dem statischen Verhalten

Aus der Definition der Pfahlparameter als Komponenten einer Kraft „Eins" in der Pfahlachse mit dem Richtungssinn einer Pfahlzukraft folgen unmittelbar die 6 Bedingungen für das Gleichgewicht des Blockes:

$$\left. \begin{aligned} R_x &= \sum_1^n N_i\, p_{xi}, & R_y &= \sum_1^n N_i\, p_{yi}, & R_z &= \sum_1^n N_i\, p_{zi}, \\ R_a &= \sum_1^n N_i\, p_{ai}, & R_b &= \sum_1^n N_i\, p_{bi}, & R_c &= \sum_1^n N_i\, p_{ci} \end{aligned} \right\} \tag{7}$$

oder in Matrizenform $\boldsymbol{R} = \boldsymbol{P}\boldsymbol{N}$

Wenn das Pfahlwerk statisch bestimmt ist und aus 6 Pfählen besteht, kann man die Gln. (7) nach den Pfahlkräften auflösen. Für die Auflösbarkeit ist die Zahl der Pfähle offenbar nicht das einzige Kriterium. Sie müssen auch so angeordnet sein, daß die gegebene Belastung durch Normalkräfte in den Pfählen aufgenommen werden kann.

Ein Pfahlwerk, das nicht beliebig gegebene Belastungen, sondern nur solche einer bestimmten Stellung aufnehmen kann, nennen wir *degeneriert*. Jedes ebene Pfahlwerk, d. h. mit allen Pfahlachsen in derselben Ebene ist z. B. degeneriert, da Lastresultierende außerhalb dieser Ebene nicht aufgenommen werden können — immer unter der Voraussetzung gelenkiger Pfähle.

Wir betrachten nun vorläufig den Fall des ebenen Pfahlwerks, nehmen aber an, der Block sei durch zusätzliche Stützungen längs der Pfahlebene geführt und die Belastung bestehe nur aus Kräften in dieser Ebene. Unter diesen Voraussetzungen ist das allgemeine ebene Pfahlwerk natürlich nicht mehr degeneriert. Was an Besonderheiten auftreten kann, erklärt die Abb. 2. Das System der Abb. 2a hat 2 Frei-

heitsgrade der Bewegung in der Ebene und die übrigen Systeme einen.
Wie man sieht, werden dreierlei Feststellungen getroffen:

1. degeneriert oder nicht,
2. verträgliche (V) oder unverträgliche (U) Belastung,
3. statisch bestimmt oder statisch unbestimmt.

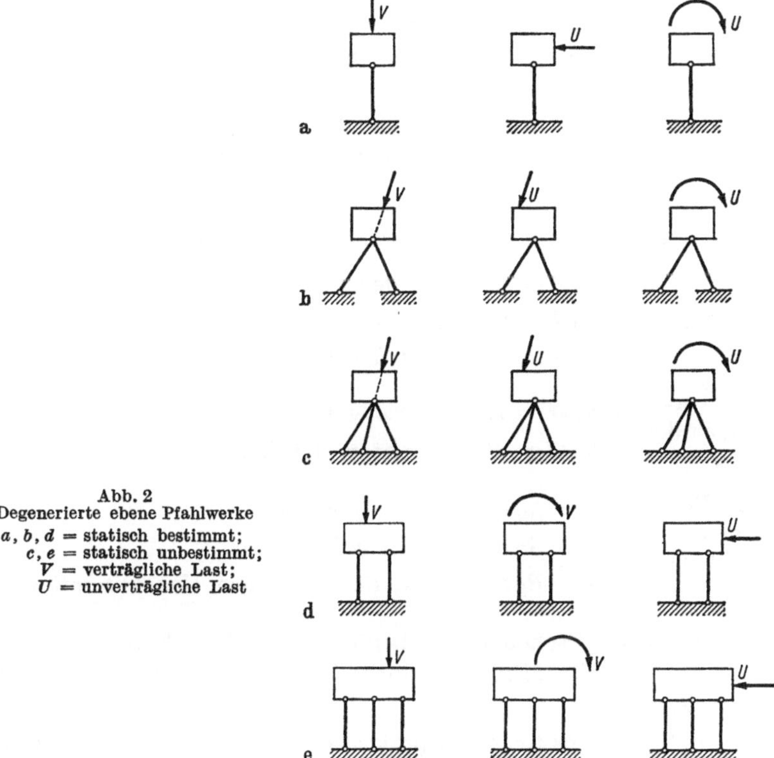

Abb. 2
Degenerierte ebene Pfahlwerke
a, b, d = statisch bestimmt;
c, e = statisch unbestimmt;
V = verträgliche Last;
U = unverträgliche Last

Die Degeneration erkennt man bei den Systemen der Abb. 2 daran, daß
sich alle Pfahlachsen in einem Punkt schneiden, wodurch Beweglichkeit zustande kommt. Der Punkt kann natürlich auch im Unendlichen
liegen — parallele Pfähle.

Wir wollen nun die entsprechenden Kriterien für den allgemeinen
Fall (Block ohne zusätzliche Stützung) aufstellen. Wir fragen nach den
Bedingungen, unter denen die Pfahlkräfte durch Auflösung der Gln. (7)
erhalten werden können. Die Lösung wäre in Matrizenform

$$N = P^{-1} R \qquad (8)$$

und es handelt sich also um die Frage, wann die inverse Matrix zu P
gebildet werden kann. Die Theorie der linearen Gleichungen gibt darauf

folgende Antwort. Man bildet die zusammengesetzte *Pfahl- und Belastungsmatrix*

$$H = \begin{pmatrix} p_{x1} & p_{y1} & p_{z1} & p_{a1} & p_{b1} & p_{c1} \\ p_{x2} & \cdot & \cdot & \cdot & \cdot & \cdot \\ \cdot & \cdot & \cdot & \cdot & \cdot & \cdot \\ \cdot & \cdot & \cdot & \cdot & \cdot & \cdot \\ p_{xn} & p_{yn} & p_{zn} & p_{an} & p_{bn} & p_{cn} \\ R_x & R_y & R_z & R_a & R_b & R_c \end{pmatrix}$$

und stellt den Rang der Matrizen H und P fest. Diese Rangzahlen seien mit $Rg\,H$ und $Rg\,P$ bezeichnet. Dann gelten folgende

Kriterien für die Einteilung der Pfahlwerke:

Degeneration	$\begin{cases} Rg\,P = 6,\ \text{nicht degeneriert,} \\ Rg\,P < 6,\ \text{degeneriert,} \\ 6 - Rg\,P = \text{Zahl der Freiheitsgrade,} \end{cases}$
statische Verträglichkeit der Belastung	$\begin{cases} Rg\,H = Rg\,P,\ \text{verträglich,} \\ Rg\,H > Rg\,P,\ \text{nicht verträglich,} \end{cases}$
statische Bestimmtheit ($n = $ Zahl der Pfähle)	$\begin{cases} n = Rg\,P,\ \text{statisch bestimmt,} \\ n > Rg\,P,\ \text{statisch unbestimmt,} \\ n - Rg\,P = \text{Grad der statischen Unbestimmtheit.} \end{cases}$

In den meisten praktischen Fällen benötigt man diese Kriterien nicht, sondern kann die Verhältnisse intuitiv klären wie beim ebenen Fall nach Abb. 2.

Es ist nötig, einiges über den praktischen Nutzen dieser Einteilung zu sagen. Offensichtlich sind Pfahlwerke mit eingespannten Pfählen niemals degeneriert und jede Belastung ist verträglich, d. h. sie kann aufgenommen werden, wenn ihre Intensität genügend klein ist. Da aber die Pfähle infolge ihrer langgestreckten Form zur Aufnahme von Normalkräften viel besser geeignet sind als zur Aufnahme von Momenten ist es zweckmäßig, und oft auch am wirtschaftlichsten, solche Entwürfe zu bevorzugen, bei denen die Last in erster Linie Normalkräfte erzeugt. Diese Bedingung wird am ehesten erfüllt, wenn die Last mit der Pfahlanordnung — bei gelenkig angenommenen Pfählen — verträglich ist. Durch die Einführung der Pfähle großer Tragfähigkeit sind diese Überlegungen aktueller geworden, da das nicht degenerierte, mit jeder Belastung verträgliche Pfahlwerk mit 6 oder mehr Pfählen immer seltener angewendet wird.

4. Elastische Verschiebungen

Zur Berechnung statisch unbestimmter Pfahlwerke müssen wir auf die elastischen Verschiebungen des Blockes eingehen. Bei der praktischen Berechnung wird oft kein Unterschied zwischen statisch bestimmten und unbestimmten Pfahlwerken gemacht und das hier zu entwickelnde Verfahren einheitlich angewandt, da es genügend einfach ist.

Bezeichnungen:

$$v_x = \text{Verschiebungskomponente in } x\text{-Richtung,}$$
$$v_y = \text{Verschiebungskomponente in } y\text{-Richtung,}$$
$$v_z = \text{Verschiebungskomponente in } z\text{-Richtung,}$$
$$v_a = \text{Drehungskomponente um die } x\text{-Achse,}$$
$$v_b = \text{Drehungskomponente um die } y\text{-Achse,}$$
$$v_c = \text{Drehungskomponente um die } z\text{-Achse.}$$

Die 6 Werte in einer Spalte angeordnet nennen wir *Verschiebungsmatrix V*.

$$V^T = (v_x \, v_y \, v_z \, v_a \, v_b \, v_c). \tag{9}$$

Bemerkenswerte Sonderfälle des allgemeinen Verschiebungszustandes sind folgende:

a) Translation, d. h. Verschiebung im engeren Sinne, gekennzeichnet durch

$$v_a = v_b = v_c = 0.$$

b) Rotation des Blockes um eine Achse durch den Ursprung, gekennzeichnet durch

$$v_x = v_y = v_z = 0.$$

c) Rotation um eine beliebige Achse (ohne Translation); man findet das zugehörige Kennzeichen aus der Bedingung, daß der resultierende Drehungsvektor $v^*(v_a \, v_b \, v_c)$ senkrecht steht auf den Verschiebungsvektoren aller Punkte des Blockes, also auch des Ursprungs, dessen Verschiebungsvektor $v(v_x \, v_y \, v_z)$ ist:

$$v_x \, v_a + v_y \, v_b + v_z \, v_c = 0.$$

Im allgemeinen Fall sind die V-Elemente 6 unabhängige Parameter, entsprechend den 6 Freiheitsgraden im Raum. Die V-Elemente werden als genügend klein vorausgesetzt, um eine Theorie erster Ordnung zu ermöglichen, d. h. um bei der Untersuchung des Gleichgewichtes die durch die Verschiebung bewirkte Umlagerung der Kräfte vernachlässigen zu können. Bei Stabilitätsuntersuchungen muß diese Voraussetzung verlassen werden.

Wir benötigen nun die Verschiebung des Kopfes B_i eines Pfahles i, projiziert auf die Pfahlachse; diese Projektion bezeichnen wir mit v_i. Man kann von der Verschiebung v_i eines Punktes i mit dem Ortsvektor $r_i(x_i\,y_i\,z_i)$ ausgehen

$$v_i = v + v^* \times r_i$$

und v_i auf p_i projizieren. Anschaulicher ist die Herleitung mit einer Arbeitsgleichung. Wir stellen uns nach Abb. 3 vor, es gäbe nur den Fall i und die Belastung bestünde aus einer Kraft „Eins" in Richtung der Pfahlachse, wodurch natürlich $N_i = 1$ hervorgerufen wird. Die R-Komponenten sind gleich den Pfahlparametern:

$$R_x = p_{xi}, \quad R_y = p_{yi}, \ldots, R_c = p_{ci}.$$

Erführt nun der Block eine Verschiebung V, so muß die Gesamtarbeit der Last und der Pfahlkraft Null sein, also

$$0 = p_{xi}v_x + p_{yi}v_y + p_{zi}v_z$$
$$= p_{ai}v_a + p_{bi}v_b + v_{ci}v_c - N_i v_i.$$

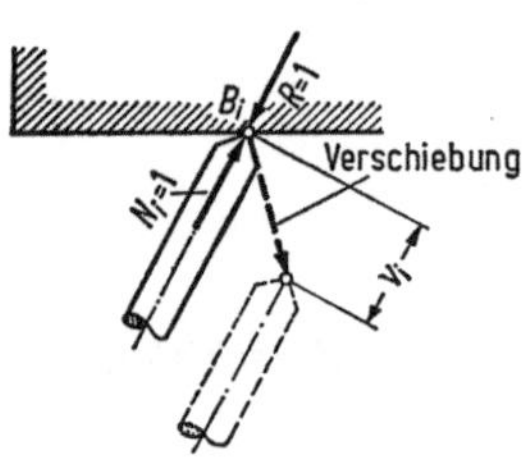

Abb. 3
Block mit einem Pfahl

Mit $N_i = 1$ ergibt sich die gesuchte Beziehung

$$v_i = p_{xi}v_x + p_{yi}v_y + \cdots + p_{ci}v_c = p_i^T V. \qquad (10)$$

Den Werten v_i sind die Pfahlkräfte proportional und die Proportionalitätsfaktoren sind die *Steifigkeiten* s_i der Pfähle, welche zu den gegebenen Größen gehören. Wenn der Pfahl i ein gelenkig angeschlossener Stab der Länge l_i wäre, hätte man

$$N_i = \frac{E_i F_i}{l_i} \Delta l_i,$$

worin E_i der E-Modul und F_i die Querschnittsfläche ist. Δl_i ist unser v_i und der Faktor von Δl_i die Steifigkeit s_i. Bei Pfählen soll durch s_i auch die Nachgiebigkeit des Bodens mit erfaßt werden. Die wirklichen Steifigkeiten interessieren nur bei der Berechnung der wirklichen Blockverschiebungen und bei Stabilitätsuntersuchungen. Da die V-Komponenten hier nur Zwischenwerte zur Bestimmung der Pfahlkräfte sind und es bei dieser Bestimmung nur auf die *Verhältnisse* der Steifigkeiten ankommt, wird bei Pfählen gleichen Durchmessers meist $s_1 = s_2 = \cdots = s_n = 1$ angenommen.

Man erhält also die Pfahlkräfte durch Multiplikation der Steifigkeiten s_i mit den Werten v_i nach (10).

$$N_i = s_i \, p_i^T V. \qquad (11)$$

Setzt man das in die Gleichgewichtsbedingungen (7) ein, so erhält man als Koeffizienten der Unbekannten $v_x, v_y, \ldots, v_c$ Summenausdrücke, die wir folgendermaßen bezeichnen:

$$S_{xx} = \sum_1^n s_i\, p_{xi}^2,$$

$$S_{xy} = \sum_1^n s_i\, p_{xi}\, p_{yi}, \qquad S_{yy} = \sum_1^n s_i\, p_{yi}^2 \tag{12}$$

usw., oder allgemein

$$S_{gh} = \sum_1^n s_i\, p_{gi}\, p_{hi} \quad \text{mit} \quad g,h = x, y, \ldots, c.$$

Die Gleichgewichtsbedingungen selbst nehmen folgende Form an:

$$
\begin{aligned}
R_x &= S_{xx}\, v_x + S_{xy}\, v_y + S_{xz}\, v_z + S_{xa}\, v_a + S_{xb}\, v_b + S_{xc}\, v_c, \\
R_y &= S_{yx}\, v_x + S_{yy}\, v_y + S_{yz}\, v_z + S_{ya}\, v_a + S_{yb}\, v_b + S_{yc}\, v_c, \\
R_z &= S_{zx}\, v_x + S_{zy}\, v_y + S_{zz}\, v_z + S_{za}\, v_a + S_{zb}\, v_b + S_{zc}\, v_c, \\
R_a &= S_{ax}\, v_x + S_{ay}\, v_y + S_{az}\, v_z + S_{aa}\, v_a + S_{ab}\, v_b + S_{ac}\, v_c, \\
R_b &= S_{bx}\, v_x + S_{by}\, v_y + S_{bz}\, v_z + S_{ba}\, v_a + S_{bb}\, v_b + S_{bc}\, v_c, \\
R_c &= S_{cx}\, v_x + S_{cy}\, v_y + S_{cz}\, v_z + S_{ca}\, v_a + S_{cb}\, v_b + S_{cc}\, v_c
\end{aligned}
\tag{13}
$$

oder in Matrizenform $\boldsymbol{R} = \boldsymbol{S}\,\boldsymbol{V}$.

Wie aus dem Bildungsgesetz der *Steifigkeitskoeffizienten* — den **S**-Elementen — folgt, ist

$$S_{gh} = S_{hg},$$

d. h., die Matrix **S** ist symmetrisch.

Der Name Steifigkeitskoeffizient steht mit der üblichen Definition der Steife als der zur Einheitsverschiebung nötigen Kraft in Einklang. Um z. B. $v_x = 1$ mit $v_y = v_z = v_a = v_b = v_c = 0$ zu erhalten, sind folgende Lastkomponenten nötig:

$$R_x = S_{xx}, \quad R_y = S_{yx}, \quad R_z = S_{zx},$$

$$R_a = S_{ax}, \quad R_b = S_{bx}, \quad R_c = S_{cx}.$$

Man könnte auch sagen, bei einer Führung des Blockes in der x-Richtung durch zusätzliche Lager entsteht durch die Belastung S_{xx} in der x-Richtung die Verschiebung $v_x = 1$, während die übrigen **R**-Komponenten Lagerreaktionen sind.

Zwischen den Steifigkeitskoeffizienten bestehen folgende Beziehungen, die sich aus (3) und (4) ergeben:

$$S_{xx} + S_{yy} + S_{zz} = \sum_1^n s_i,$$

$$S_{xa} + S_{yb} + S_{zc} = 0. \tag{14}$$

5. Berechnung der Pfahlkräfte

Der Rechnungsgang besteht in der Bestimmung der Steifigkeitskoeffizienten nach (12), der Auflösung der Gln. (13) nach den V-Komponenten und deren Einsetzen in (11). Die Durchführung dieser Rechnung — vielleicht für mehrere Lastfälle und für mehrere Vergleichsentwürfe — ist im allgemeinen Fall sehr mühsam und kann auf 2 Arten erleichtert werden:

1. Weitere Schematisierung der Rechnung, um die Programmierung für einen Rechenautomaten zu erleichtern, der dann alle Rechnungen in kürzester Zeit durchführt.

2. Vermeidung allgemeiner Pfahlwerke, d. h. Bevorzugung solcher mit Symmetrieebenen und anderen Regelmäßigkeiten.

Die zweite Möglichkeit werden wir später besprechen und hier zunächst die weitere Schematisierung betreiben.

Die Gl. (10) läßt sich verallgemeinern, indem man statt p_i alle p_i-Werte, nämlich die Pfahlmatrix P als Faktor einführt. Man erhält dann durch

$$P^T V$$

die Kopfverschiebungen v_i in einer Spalte angeordnet. Durch Multiplikationen mit den Steifigkeiten s_i werden daraus nach (11) die Pfahlkräfte erhalten, d. h. die N-Matrix ist

$$N = D\, P^T\, V \tag{15}$$

mit der Diagonalmatrix

$$D = \begin{pmatrix} s_1 & 0 & 0 & \ldots & 0 \\ 0 & s_2 & 0 & \ldots & 0 \\ . & . & . & \ldots & . \\ . & . & . & \ldots & . \\ 0 & 0 & 0 & \ldots & s_n \end{pmatrix}. \tag{15a}$$

Setzt man das in die Gleichgewichtsbedingung (7) ein

$$R = P\,N = P\,D\,P^T\, V$$

und vergleicht mit $R = S\,V$ nach (13), so ergibt sich die Matrizenformel für die Steifigkeitsmatrix, welche das Bildungsgesetz der Steifigkeitskoeffizienten nach (12) wiedergibt:

$$S = P\,D\,P^T. \tag{16}$$

Aus $R = S\,V$ folgt $V = S^{-1}\,R$ und damit sind die Pfahlkräfte nach (15)

$$N = D\,P^T\,S^{-1}\,R. \tag{17}$$

Zur leichteren Berechnung des Einflusses verschiedener Belastungsfälle kann man den vor der Belastung stehenden Faktor für sich berechnen und kommt so zu dem Begriff der *Einflußmatrix*

$$N = F R$$

mit

$$F = D P^T S^{-1}. \tag{18}$$

Die Einflußmatrix F hat — bei nicht degenerierten Pfahlwerken — 6 Spalten und n Zeilen. Die i-te Zeile f_i kann man Einflußmatrix des Pfahles i nennen. Ihre Elemente $f_{xi}, f_{yi}, \ldots, f_{ci}$ sind die Pfahlkräfte N_i, welche sich aus den Belastungen $R_x = 1$, $R_y = R_z = \cdots = R_c = 0$, sodann $R_x = 0$, $R_y = 1$, $R_z = \cdots R_c = 0$ usw., ergeben. Eine notwendige, aber nicht hinreichende Kontrolle erhält man durch

$$P F = E = \text{Einheitsmatrix.} \tag{19}$$

Die Matrix S hat nach (16) denselben Rang wie P, da D eine Diagonalmatrix ist. Man könnte also in den oben behandelten Kriterien für die Degeneration und die Verträglichkeit RgS statt RgP verwenden. Degeneration und Verträglichkeit hängen nicht von den Steifigkeiten, sondern von der *Anordnung* der Pfähle ab. Die Degeneration macht sich bei der Matrix S dadurch bemerkbar, daß ihre Determinante verschwindet. Das Rangkriterium ist jedoch weiter reichend als $\Delta = 0$.

6. Elastische Achsen

Das elastische Verhalten eines Pfahlwerkes ist durch seine Steifigkeitsmatrix vollständig bestimmt. Die Matrix S hängt aber nicht nur von der Anordnung der Pfähle, sondern auch von der Lage des Achsenkreuzes ab. Wir wollen nun untersuchen, ob es besondere Lagen des Achsenkreuzes gibt, bei denen die Steifigkeitsmatrix sich vereinfacht. Der praktische Wert dieser Untersuchung liegt einmal darin, daß sich dann die Rechnung ebenfalls vereinfacht. Außerdem werden wir einen Hinweis darauf erhalten, wie sich der Pfahlwerksentwurf der Lage der Lastresultanten am besten anpaßt (Steifigkeitsachse des Pfahlwerks).

Statt des gegebenen Pfahlwerkes untersuchen wir zunächst den „stellvertretenden räumlichen Pfahlbock", den wir folgendermaßen definieren: Alle Pfähle werden parallel zu sich selbst so weit verschoben, daß ihre Achsen durch den Koordinatenursprung 0 gehen. Dieser Pfahlbock ist natürlich degeneriert (mit 3 Freiheitsgraden), aber jede Kraft durch 0 stellt im allgemeinen eine verträgliche Belastung dar; sie ist also ein Vektor mit den Komponenten R_x, R_y, R_z, während die übrigen R-Komponenten R_a, R_b, R_c gleich Null sein müssen. Der „Block" besteht sozusagen aus dem einzigen Punkt 0 und seine Verschiebung ist ebenfalls ein gewöhnlicher Vektor mit den Komponenten

v_x, v_y, v_z. Die Steifigkeitsmatrix regelt dann die Beziehung zwischen diesen beiden Vektoren.

$$\left.\begin{aligned}
R_x &= S_{xx}\,v_x + S_{xy}\,v_y + S_{xz}\,v_z, \\
R_y &= S_{yx}\,v_x + S_{yy}\,v_y + S_{yz}\,v_z, \\
R_z &= S_{zx}\,v_x + S_{zy}\,v_y + S_{zz}\,v_z.
\end{aligned}\right\} \tag{20}$$

Wie man sieht, hat sich die Matrix S durch den Übergang vom gegebenen Pfahlwerk auf den stellvertretenden Pfahlbock auf ihren ersten Quadranten reduziert (die verbliebenen Steifigkeitskoeffizienten sind unverändert, wie aus ihrer Definition (12) folgt).

Wir versuchen nun, diese verkleinerte S-Matrix zu diagonalisieren und fragen zu dem Zweck nach jener Richtung der belastenden Kraft, welche eine Verschiebung in derselben Richtung hervorruft (im allgemeinen weichen Kraftrichtung und Verschiebungsrichtung voneinander ab). Es müssen dann die Kraftkomponenten zu den entsprechenden Verschiebungskomponenten im selben Verhältnis stehen oder mit einer Verhältniszahl λ,

$$R_x = \lambda\,v_x = S_{xx}\,v_x + S_{xy}\,v_y + S_{xz}\,v_z,$$
$$R_y = \lambda\,v_y = S_{yx}\,v_x + S_{yy}\,v_y + S_{yz}\,v_z,$$
$$R_z = \lambda\,v_z = S_{zx}\,v_x + S_{zy}\,v_y + S_{zz}\,v_z$$

oder

$$(S_{xx} - \lambda)\,v_x + S_{xy}\,v_y + S_{xz}\,v_z = 0,$$
$$S_{yx}\,v_x + (S_{yy} - \lambda)\,v_y + S_{yz}\,v_z = 0,$$
$$S_{zx}\,v_x + S_{zy}\,v_y + (S_{zz} - \lambda)\,v_z = 0.$$

Diese in den v_x, v_y, v_z homogenen Gleichungen können nur bestehen, wenn ihre Koeffizientendeterminante verschwindet, was auf eine kubische Gleichung für λ führt.

Es ist unnötig, in dieser Untersuchung fortzufahren, denn wir befinden uns in einer vollständigen Analogie zu jenen wohlbekannten Problemen, die ebenso wie unseres eine tensorielle Größe behandeln wie z. B. die Bestimmung der Hauptspannungen eines räumlichen Spannungszustandes oder die geometrische Aufgabe der Ermittlung der Hauptachsen einer Fläche zweiten Grades. Analogerweise können wir also behaupten, daß es bei jedem räumlichen Pfahlbock drei aufeinander senkrechte Richtungen gibt, für welche die verursachende Kraft eine Verschiebung gleicher Richtung erzeugt. Legt man ein neues Koordinatensystem x', y', z' in diese Richtungen, so erhält man folgende Steifigkeitsmatrix

$$S' = \begin{pmatrix} S'_{xx} & 0 & 0 \\ 0 & S'_{yy} & 0 \\ 0 & 0 & S'_{zz} \end{pmatrix}$$

und die Beziehungen zwischen Lastvektor und Verschiebungsvektor
lauten

$$R'_x = S'_{xx}\, v'_x,$$
$$R'_y = S'_{yy}\, v'_y,$$
$$R'_z = S'_{zz}\, v'_z.$$

Aus der Analogie mit den erwähnten anderen Problemen folgt außerdem,
daß die Werte S'_{xx}, S'_{yy}, S'_{zz} Extreme gegenüber benachbarten Achsen-
lagen sind.

Die wirkliche rechnerische Bestimmung der neuen Achsen ist im
allgemeinen Fall genau so umständlich und von ebenso geringem prak-
tischem Interesse wie die Ermittlung der Hauptspannungsrichtungen
beim allgemeinen Spannungsproblem. Auf die Bestimmung in Sonderfällen gehen wir später ein.

Wir verlassen nun den stellvertretenden Pfahlbock und kehren zum
ursprünglichen Pfahlwerk zurück. Wählt man die am Pfahlbock definierten Richtungen als neue Achsen, so wird man eine Steifigkeitsmatrix
erhalten, deren erstes Viertel so aussieht wie die oben angeschriebene
Matrix des Pfahlbocks, denn die Steifigkeitskoeffizienten des ersten
Viertels werden von der Parallelverschiebung der Pfähle nicht berührt.
Da es nur auf das Vorhandensein von Nullen ankommt, schreiben wir
die **S**-Matrix in Form eines Schemas an

	x	y	z	a	b	c	
	$=$	0	0	—	—	—	x
	0	$=$	0	—	—	—	y
	0	0	$=$	—	—	—	z
	—	—	—	$=$	—	—	a
	—	—	—	—	$=$	—	b
	—	—	—	—	—	$=$	c

Striche bedeuten von 0 verschiedene Werte und Doppelstriche heben
die Elemente der Hauptdiagonale hervor. Zur Vereinfachung sind die
neuen Achsen x, y, z genannt worden (statt x', y', z').

Es fragt sich nun, ob die Matrix durch eine weitere Koordinaten-
transformation noch mehr vereinfacht werden kann. Offenbar kann
es sich dabei nur um eine Parallelverschiebung der Achsen handeln,
denn durch eine Drehung würden die glücklicherweise annullierten
Werte im ersten Viertel wieder zum Leben erweckt.

Man kann diese Frage nach der Möglichkeit weiterer Vereinfachungen
ohne Rechnung beantworten, wenn man sich überlegt, durch welche
Last z. B. die Verschiebung $v_x = 1$, $v_y = v_z = \cdots = v_c = 0$ bewirkt
wird oder, mit anderen Worten, welches die Resultante der Pfahlkräfte
ist, die durch eine solche Verschiebung hervorgerufen werden. Aus dem

oben gegebenen S-Schema liest man für diesen Fall ab:

$$R_x = S_{xx},$$
$$R_y = 0,$$
$$R_z = 0,$$
$$R_a = S_{ax},$$
$$R_b = S_{bx},$$
$$R_c = S_{cx}.$$

Wie man sieht, besteht diese Belastung aus einer Kraft $K = R_x$ parallel zur x-Achse ($R_y = R_z = 0$) und einem Moment R_a mit zur x-Achse parallelem Momentenvektor. Die Lage der Kraft K kann aus den Momenten R_b und R_c in bezug auf die y- und z-Achse bestimmt werden, welche durch die Wirkung von K erzeugt werden. Verschiebt man die x-Achse in die Wirkungslinie dieser Kraft, so werden die Anteile R_b und R_c annulliert, wodurch die gesuchte Vereinfachung gefunden ist.

Wiederholt man die hier in bezug auf die x-Spalte der S-Matrix gemachten Überlegungen mit der y- und der z-Spalte, so ergibt sich folgendes: Jedes Pfahlwerk hat 3 zueinander senkrechte Achsen, die sich aber im allgemeinen nicht schneiden und die dadurch gekennzeichnet sind, daß eine Verschiebung des Blockes längs einer solchen Achse als Resultante der Pfahlreaktionen eine in der Achse liegende Kraft und ein Moment mit zu ihr parallelem Vektor ergibt. Wir wollen diese Achsen *Verschiebungsachsen* des Pfahlwerkes nennen. Man kann sie in der Sprache der Mechanik kurz als die Zentralachsen der durch die jeweilige Verschiebung hervorgerufenen Pfahlkräfte definieren.

Die Vereinfachung der S-Matrix, welche dadurch entsteht, daß eine Verschiebungsachse mit einer Koordinatenachse zusammenfällt, während die restlichen paarweise parallel sind, ist aus den folgenden Schemata ersichtlich, worin die jweilige Verschiebungsachse durch einen Pfeil gekennzeichnet ist.

x	y	z	a	b	c
=	0	0	—	0	0
0	=	0	—	—	—
0	0	=	—	—	—
—	—	—	=	—	—
0	—	—	—	=	—
0	—	—	—	—	=

↑

x	y	z	a	b	c
=	0	0	—	—	—
0	=	0	0	—	0
0	0	=	—	—	—
—	0	—	=	—	—
—	—	—	—	=	—
—	0	—	—	—	=

↑

x	y	z	a	b	c
=	0	0	—	—	—
0	=	0	—	—	—
0	0	=	0	0	—
—	—	0	=	—	—
—	—	0	—	=	—
—	—	—	—	—	=

↑

Die bisherigen Überlegungen zeigen, daß es im allgemeinen Fall nicht möglich ist, die S-Matrix zu diagonalisieren und dadurch zu unabhängigen Gleichungen zu gelangen.

Jene Verschiebungsachse, welche zum größten der 3 Werte S_{xx}, S_{yy}, S_{zz} gehört, nennen wir *Hauptsteifigkeitsachse* des Pfahlwerkes. Sie gibt jene Lage einer belastenden Kraft an, bei welcher das Pfahlwerk am widerstandsfähigsten ist. Man sollte daher beim Entwurf danach trachten, diese Achse mit der mittleren Lage der Belastungsresultanten zusammenfallen zu lassen. Das führt in vielen Fällen zur wirtschaftlichsten Pfahlanordnung und hat außerdem zur Folge, daß die Blockverschiebungen so klein wie möglich bleiben.

Durch die Wahl einer Verschiebungsachse als Koordinatenachse wird jeweils eine der Spalten (oder Zeilen) x, y, z der S-Matrix vereinfacht, indem 4 Elemente verschwinden und nur 2 übrigbleiben. Man kann auch jene Lagen der Koordinatenachsen aufsuchen, bei denen eine entsprechende Vereinfachung in den Spalten a, b, c auftritt. Das führt auf den Begriff anderer elastischer Achsen, die wir *Verdrehungsachsen* nennen wollen. Wenn beispielsweise die x-Achse Verdrehungsachse wäre, würde die S-Matrix folgendermaßen aussehen:

x	y	z	a	b	c	
=	—	—	—	—	—	x
—	=	—	0	—	—	y
—	—	=	0	—	—	z
—	0	0	=	0	0	a
—	—	—	0	=	—	b
—	—	—	0	—	=	c

Eine Verdrehung um die x-Achse, d. h. ein Verschiebungszustand $V^T = (0\ 0\ 0\ 1\ 0\ 0)$ ruft Pfahlkräfte hervor, deren Resultante die Komponenten R_x und R_a enthält; die x-Achse ist somit Zentralachse des Pfahlkräftesystems.

Die Theorie der Verdrehungsachsen des allgemeinen Pfahlwerks ist zu schwierig und von zu geringem praktischen Interesse, um sie hier zu behandeln. Es sei nur gesagt, daß es im allgemeinen Fall Verdrehungsachsen gibt, die nicht aufeinander stehen. In den meisten praktisch vorkommenden Pfahlwerken sind die Verdrehungsachsen leicht zu finden und können dann den Ausgangspunkt für Rechenvereinfachungen bilden.

In Sonderfällen kommt es vor, daß in der einer elastischen Achse entsprechenden Spalte (oder Zeile) ein weiteres Element verschwindet, so daß nur das Element der Hauptdiagonale übrigbleibt. Wenn auch dieses verschwindet, so daß die ganze Reihe nur aus Nullen besteht, ist das Pfahlwerk degeneriert. Wenn eine der Reihen a, b, c vollständig verschwindet, wollen wir die entsprechende Verdrehungsachse *Nullachse* nennen. Beim Verschwinden einer der Reihen x, y, z kann der Begriff Verschiebungs*achse* nicht mehr aufrecht erhalten werden. Das

Pfahlwerk setzt dann einer Verschiebung in der betreffenden Richtung keinerlei Widerstand entgegen und wir wollen in diesem Fall von einer *Nullrichtung* sprechen. Die Abb. 4 gibt ein erläuterndes Beispiel. Die z-Richtung ist offenbar Nullrichtung, da alle 3 Pfähle zu ihr senkrecht

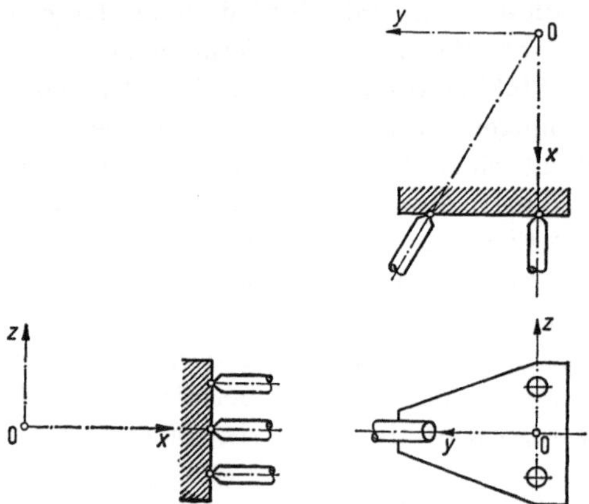

Abb. 4. Degeneriertes Pfahlwerk

sind. Nullachsen gibt es unendlich viele, nämlich alle Geraden der x/z-Ebene durch 0, denn solche Geraden schneiden alle 3 Pfahlachsen.

Vom praktischen Standpunkt aus kann die Kenntnis der Nullachsen und Nullrichtungen nützlich sein, denn die in ihre Richtung fallenden Belastungskomponenten werden dadurch als solche gekennzeichnet, die durch Pfahlmomente oder passiven Erddruck aufgenommen werden müssen, da die Normalkräfte in den Pfählen hierzu keinen Beitrag liefern können.

B. Beispiele

1. Pfahlwerk mit parallelen Pfählen

Die am häufigsten in der Praxis angetroffenen Pfahlwerke bestehen aus lauter senkrechten Pfählen. Ein solches Pfahlwerk ist natürlich degeneriert; jede horizontale Richtung ist Nullrichtung und jede senkrechte Achse Nullachse. Immer wenn die senkrechten Lasten weitaus überwiegen, wie z. B. bei Gebäudestützen verwendet man nur senkrechte Pfähle. Die relativ kleinen Windlasten werden dann durch passiven Erddruck und durch Pfahlmomente aufgenommen.

Wir wollen nun die Pfahlkräfte für das Pfahlwerk nach Abb. 5 berechnen. Die Pfähle sind — wie üblich — so gezeichnet, als ob sie im Block eingespannt wären, obwohl hier gelenkiger Anschluß vorausgesetzt ist.

Die x-Achse wird parallel zu den Pfählen, also senkrecht, angenommen. Dann darf die Belastung höchstens die Komponenten R_x, R_b, R_c enthalten, um verträglich zu sein. Die ganze Berechnung erstreckt sich nur auf die 3 „Richtungen" x, b, c; man setzt sozusagen voraus, daß die Beweglichkeit des degenerierten Pfahlwerks durch gedachte zusätzliche Stützungen aufgehoben ist, welche $v_y = v_z = v_a = 0$ bewirken. Man verwendet dann dieselben Symbole für die Matrizen, berücksichtigt aber nur die x-, b-, c-Komponenten. Im Falle der Abb. 5 hat man $R_b = 120 \cdot 0{,}5 = 60$ Mpm, also

$$R = \begin{pmatrix} R_x \\ R_b \\ R_c \end{pmatrix} = \begin{pmatrix} 120 \text{ Mp} \\ 60 \text{ Mpm} \\ 0 \end{pmatrix}.$$

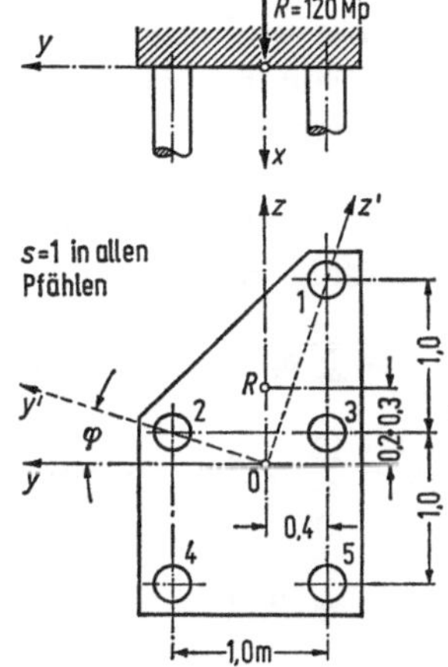

Abb. 5. Zahlenbeispiel

Pfahl	p_x $(=p_x^2)$	p_b $(=p_x p_b)$ $= z$	p_c $(=p_x p_c)$ $= -y$	p_b^2	$p_b\,p_c$	p_c^2	$v_x\,p_x$	$v_b\,p_b$	$v_c\,p_c$	N [Mp]
1	2	3	4	5	6	7	8	9	10	11
1	1	1,2 m	0,4 m	1,44	0,48	0,16	24	28,8	−4,8	48
2	1	0,2 m	−0,6 m	0,04	−0,12	0,36	24	4,8	7,2	36
3	1	0,2 m	0,4 m	0,04	0,08	0,16	24	4,8	−4,8	24
4	1	−0,8 m	−0,6 m	0,64	0,48	0,36	24	−19,2	7,2	12
5	1	−0,8 m	0,4 m	0,64	−0,32	0,16	24	−19,2	−4,8	0
Summen	5 $= S_{xx}$	0 $= S_{xb}$	0 $= S_{xc}$	2,80 $= S_{bb}$	0,60 $= S_{bc}$	1,20 $= S_{cc}$				

Mit den Koordinaten y und z der Pfähle berechnet man die Spalten 1 bis 7 der Tabelle (z. B. $p_b = z\,p_x - x\,p_z = z$ wegen $p_x = 1$, $p_z = 0$). Demnach ist

$$S = \begin{pmatrix} 5 & 0 & 0 \\ 0 & 2{,}80 & 0{,}60 \\ 0 & 0{,}60 & 1{,}20 \end{pmatrix}.$$

Es hat sich $S_{xb} = S_{xc} = 0$ ergeben, da die x-Achse in die Schwerlinie der Pfähle gelegt worden ist; das ist immer zu empfehlen, um die Rechnung zu vereinfachen.

Die Blockverschiebungen findet man durch

$$V = S^{-1} R$$

oder mit anderen Worten durch Auflösung der Gleichungen

$$120 = 5v_x,$$
$$60 = \quad 2,8v_b + 0,6v_c, \qquad V = \begin{pmatrix} v_x \\ v_b \\ v_c \end{pmatrix} = \begin{pmatrix} 24 \\ 24 \\ -12 \end{pmatrix}.$$
$$0 = \quad 0,6v_b + 1,2v_c,$$

Mit diesen Werten berechnet man die Spalten 8, 9, 10 der Tabelle, deren Summe die Pfahlkraft N ergibt.

Wie man sieht, ist die Berechnung analog der Bestimmung der Spannungen in einer exzentrisch gedrückten Säule, nur ist hier der „Querschnitt" diskontinuierlich und besteht aus einzelnen Punkten, nämlich den Pfahlachsen.

$$S_{xx} = \sum_1^n s_i \qquad \text{entspricht dem Querschnitt,}$$

$$S_{bb} = \sum_1^n s_i z_i^2 \qquad \text{entspricht dem Trägheitsmoment um die } y\text{-Achse,}$$

$$S_{cc} = \sum_1^n s_i y_i^2 \qquad \text{entspricht dem Trägheitsmoment um die } z\text{-Achse,}$$

$$S_{bc} = \sum_1^n s_i y_i z_i \qquad \text{entspricht dem negativen Zentrifugalmoment.}$$

Wenn mehrere Lastfälle zu berücksichtigen sind, ist es zweckmäßig, das Koordinatensystem um die x-Achse zu drehen und dadurch die S-Matrix zu diagonalisieren. Man erhält — in Analogie zu bekannten Formeln der Festigkeitslehre — den Drehwinkel φ, welcher die y-Achse in die neue y'-Achse überführt

$$\tan 2\varphi = \frac{2S_{bc}}{S_{bb} - S_{cc}} \tag{21}$$

und die neuen Steifigkeitswerte

$$\left.\begin{matrix} S'_{bb} \\ S'_{cc} \end{matrix}\right\} = \frac{S_{bb} + S_{cc}}{2} \pm \sqrt{\left(\frac{S_{bb} - S_{cc}}{2}\right)^2 + S_{bc}^2} \tag{22}$$

mit $S'_{bc} = 0$. Das neue Koordinatensystem ist auf *elastische Achsen* bezogen und zwar ist nach der früher vereinbarten Terminologie x Verschiebungsachse, während y', z' Verdrehungsachsen sind.

Im Falle der Abb. 5 findet man

$$\tan 2\varphi = \frac{2 \cdot 0,6}{2,8 - 1,2} = 0,75 \qquad (\sin\varphi = 0,3162;\ \cos\varphi = 0,9487),$$

$$\left.\begin{matrix} S'_{bb} \\ S'_{cc} \end{matrix}\right\} = \frac{2,8 + 1,2}{2} \pm \sqrt{\left(\frac{2,8 - 1,2}{2}\right)^2 + 0,6^2} = \begin{cases} 3,00 \\ 1,00. \end{cases}$$

$S_{xx} = 5$ bleibt unverändert. Für eine Last R mit den Koordinaten y'_R, z_R hat man

$$R'_x = R, \qquad R'_b = z'_R R, \qquad R'_c = -y'_R R$$

und in einem Pfahl mit den Koordinaten y_i', z_i' entsteht die Kraft

$$N_i = R\left(\frac{1}{5} + \frac{z_R' z_i'}{3{,}00} + \frac{y_R' y_i'}{1{,}00}\right).$$

2. Ebene Pfahlwerke

a) Allgemeines. Wenn alle Pfahlachsen in einer Ebene liegen, sind nur Lasten verträglich, die aus Kräften in dieser Ebene bestehen. Macht man sie zur x/y-Ebene, so wird die Degeneration durch $S_{zz} = S_{aa} = S_{bb} = 0$ angezeigt. Es bleibt von der Matrix S also nur folgender Anteil übrig:

$$
\begin{array}{c|ccc}
 & x & y & c \\
\hline
x & = & - & - \\
y & - & = & - \\
c & - & - & = \\
\end{array}
$$

Außer den ebenen Pfahlwerken im engeren Sinne gibt es noch andere Pfahlwerke, die sich wie ebene verhalten und auch entsprechend berechnet werden. Dazu gehört in erster Linie das unter langen Bauwerken, z. B. Stützmauern, angeordnete streifenförmige Pfahlwerk, bei dem sich gewisse Pfahlstellungen in regelmäßigen Abständen wiederholen. Lasten und Verschiebungen in der Längsrichtung können wegen der großen Länge vernachlässigt werden (sie erzeugen evtl. auf viele Pfähle verteilte Kopfmomente). Die Querbelastung ist gleichmäßig verteilt, so daß man ein alle typischen Pfahlstellungen enthaltendes Stück wie ein ebenes Pfahlwerk berechnen kann. Wie ebene Pfahlwerke arbeiten auch solche mit einer Symmetrieebene, aber nur hinsichtlich Belastungen in dieser Ebene.

Die beim ebenen Pfahlwerk interessierenden Pfahlparameter ergeben sich nach Abb. 6a:

$$p_x = \cos\alpha, \qquad p_y = \sin\alpha,$$
$$p_c = x\sin\alpha - y\cos\alpha = \pm r,$$

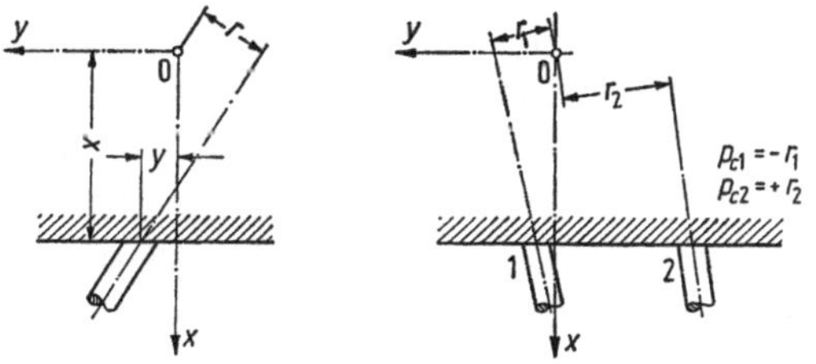

Abb. 6
Parameter p_c als Hebelarm

und zwar ist p_c gleich dem positiven Hebelarm, wenn eine in der Pfahlachse wirkende Zugkraft im Uhrzeigersinn um den Ursprung dreht — s. Abb. 6b.

Da ebene Pfahlwerke sehr häufig vorkommen, stellen wir für die einfachsten Typen Formeln für die Pfahlkräfte zusammen. Wenn irgend möglich sollten solche Pfahlwerke entworfen werden, die diesen Typen entsprechen. Dann reduziert sich die Berechnung auf ein Minimum und man kann mehr Aufmerksamkeit auf die günstigste Anordnung verwenden.

b) Ebene Reihe paralleler Pfähle (Abb. 7). Das Pfahlwerk hat einen vierten Freiheitsgrad (außer den dreien des ebenen Pfahlwerkes) und

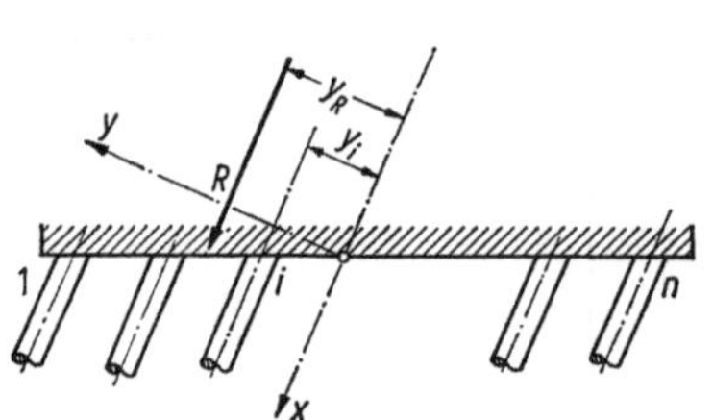

Abb. 7
Ebenes Pfahlwerk mit parallelen Pfählen

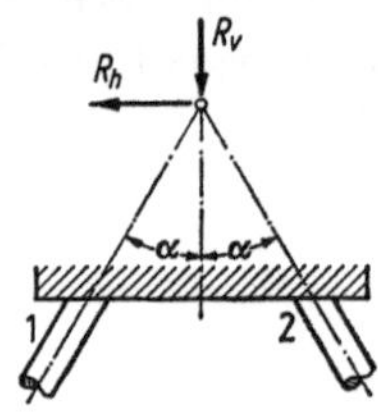

Abb. 8
Symmetrischer zweibeiniger Pfahlbock

es sind als Lasten nur Kräfte in der Pfahlebene parallel zu den Pfahlachsen verträglich. Man legt die x-Achse in die Schwerlinie (= Hauptsteifigkeitsachse) und hat

$$N_i = s_i \left(\frac{R}{\sum s_i} + \frac{R\,y_R}{\sum s_i y_i^2}\, y_i \right) \tag{23}$$

oder, wenn die Last nur aus einem Moment M besteht

$$N_i = s_i \frac{M}{\sum s_i y_i^2}\, y_i. \tag{24}$$

c) Symmetrischer zweibeiniger Pfahlbock (Abb. 8). Degeneration wie oben. Verträglich sind als Lasten nur Kräfte durch 0 in der Pfahlebene. Die Symmetrieachse ist Hauptsteifigkeitsachse.

$$\left.\begin{array}{c} N_1 \\ N_2 \end{array}\right\} = \frac{1}{2}\left(\frac{R_v}{\cos\alpha} \pm \frac{R_h}{\sin\alpha} \right) = \frac{R_v}{2}\left(\frac{1}{\cos\alpha} \pm \frac{\tan\varrho}{\sin\alpha} \right), \tag{25}$$

worin $\tan\varrho = R_h/R_v$ die Neigung der Resultierenden angibt.

d) Beliebiger zweibeiniger Pfahlbock (Abb. 9).

$$N_1 = \frac{-R_v \sin\alpha_2 + R_h \cos\alpha_2}{\sin(\alpha_1 - \alpha_2)}$$

$$N_2 = \frac{R_v \sin\alpha_1 - R_h \cos\alpha_1}{\sin(\alpha_1 - \alpha_2)}. \tag{26}$$

Diese statisch bestimmte Kräftezerlegung ist unabhängig von den Steifigkeiten. Wenn man die Hauptsteifigkeitsachse bestimmen will, um sie mit der Resultantenlage zu vergleichen, muß man die Steifigkeiten berücksichtigen. Wir denken uns die x-Achse in die Hauptsteifigkeitsachse gelegt und bestimmen ihre Lage, d. h. den Winkel φ (s. Abbildung) durch folgende Überlegung: Die durch eine Belastung R_x erzeugte Verschiebung darf nur die Komponente v_x haben, d. h. es muß $S_{xy} = 0$ sein. Man erhält

$$S_{xy} = \sum s\, p_x\, p_y$$
$$= s_1 \cos(\alpha_1 - \varphi) \sin(\alpha_1 - \varphi) + s_2 \cos(\alpha_2 - \varphi) \sin(\alpha_2 - \varphi) = 0.$$

Das führt auf

$$\tan 2\varphi = \frac{s_1 \sin 2\alpha_1 + s_2 \sin 2\alpha_2}{s_1 \cos 2\alpha_1 + s_2 \cos 2\alpha_2}. \tag{27}$$

Bei gleichen Steifigkeiten $s_1 = s_2$ liegt die Hauptsteifigkeitsachse in der Winkelhalbierenden der beiden Pfahlachsen.

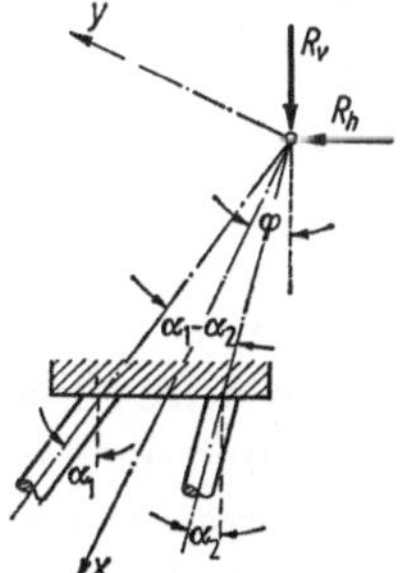

Abb. 9. Beliebiger zweibeiniger Pfahlbock

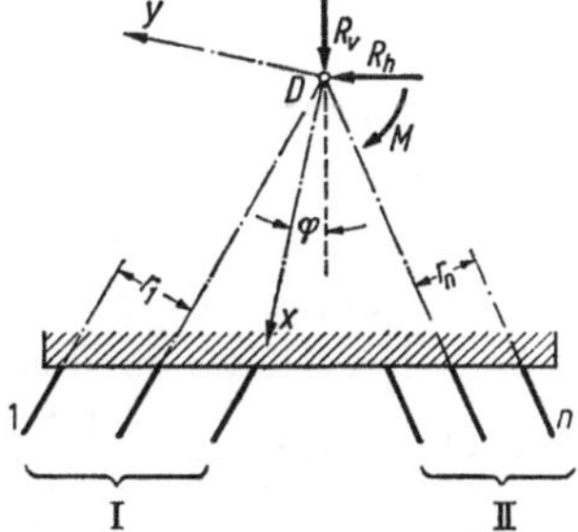

Abb. 10. Pfähle in zwei Richtungen

e) Pfähle in zwei Richtungen (Abb. 10). Der Schnittpunkt der Schwerlinien der beiden Gruppen I und II ist der sog. *elastische Mittelpunkt* D des Pfahlwerkes. Um seine Eigenschaften zu erkennen, betrachten wir die Reaktionskräfte in den Pfählen, welche durch eine Parallelverschiebung des Blockes in irgendeiner Richtung hervorgerufen werden. Offenbar sind diese Kräfte innerhalb der Gruppen I und II dieselben, d. h. die beiden Teilresultanten der Pfahlkräfte liegen auf den Schwerlinien und die Gesamtresultante geht durch D. Man kann also sagen, daß belastende Kräfte durch D nur Translation des Blockes bewirken, keine Rotation. Besteht die Belastung nur aus einem Moment, so führt der Block eine Rotation um D aus.

Durch Wahl von D als Koordinatenursprung wird die **S**-Matrix vereinfacht, denn es ist $S_{xc} = S_{yc} = 0$. Um sie vollständig zu diagonalisieren, muß man x und y zu Verschiebungssachsen des Pfahlwerkes machen. Denkt man sich alle Pfähle soweit parallel verschoben, daß ihre Achsen durch D gehen, so hat man das Pfahlwerk auf einem zweibeinigen Pfahlbock reduziert, für welchen die Formel (27) den Winkel φ liefert, um den die Hauptsteifigkeitsachse geneigt ist. Man muß nur in dieser Formel für s_1, s_2 die Gruppensteifigkeiten s_I, s_II einsetzen, welche die Summen der Steifigkeiten für jede Gruppe sind. Das so bestimmte Koordinatensystem $x/y/z$ besteht aus lauter elastischen Achsen: x, y sind Verschiebungsachsen, z ist Verdrehungsachse.

Zur Bestimmung der Pfahlkräfte braucht man den Winkel φ nicht zu kennen. Man bestimmt nach (26) die durch die Lastkomponenten R_v, R_h erzeugten Gruppenkräfte N_{I}, N_{II}. Die Wirkung der restlichen Lastkomponente $M = R_c$ bestimmt man mit Hilfe von

$$S_{cc} = \sum s_i\, r_i^2, \qquad v_c = M/S_{cc}.$$

Somit hat man in den Pfählen der

$$\text{Gruppe I:} \quad N_i = s_i\left(\frac{N_{\mathrm{I}}}{s_{\mathrm{I}}} \pm \frac{M}{\sum s_i\, r_i^2}\, r_i\right),$$

$$\text{Gruppe II:} \quad N_i = s_i\left(\frac{N_{\mathrm{II}}}{s_{\mathrm{II}}} \pm \frac{M}{\sum s_i\, r_i^2}\, r_i\right). \tag{28}$$

Das Vorzeichen wird nach der Anschauung bestimmt oder nach der in Abb. 6b festgelegten Regel für $p_c = \pm r$.

Ein häufiger Sonderfall des Pfahlwerkes mit zwei Pfahlrichtungen liegt vor, wenn eine Gruppe aus nur einem Pfahl besteht. Der elastische Mittelpunkt liegt dann im Schnittpunkt der Achse dieses Pfahles mit der Schwerlinie der Gruppe und die Berechnung verläuft nach denselben Formeln. Der Einzelpfahl erhält natürlich keinen Momentenanteil der Last, da sein $r = 0$ ist.

Als Anwendungsbeispiel berechnen wir die Pfahlkräfte des Pfahlwerkes nach Abb. 11. Da die Querbelastung gleichmäßig verteilt ist und die Pfahlstellungen sich regelmäßig wiederholen, kann das Pfahlwerk als ebenes mit zwei Pfahlrichtungen berechnet werden.

Wir legen einen Streifen von 2,40 m Länge zugrunde. Darin kommen die Pfähle 1, 2, 3 je einmal, 4 je zweimal vor. Dementsprechend wurden die Schwerlinien der beiden Gruppen eingezeichnet. Sie treffen die Blockbasis in 1 m Abstand und ihr Schnittpunkt D, das ist der elastische Mittelpunkt, liegt in der Höhe

$$1,00 \cot 20° = 2,75 \text{ m}.$$

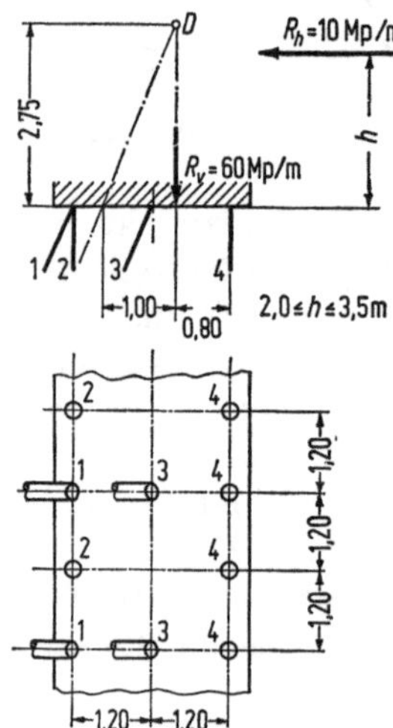

Abb. 11
Angaben zum Zahlenbeispiel

Das Pfahlwerk ist so entworfen worden, daß die senkrechte Last in der Schwerlinie der senkrechten Pfähle angreift und die waagerechte in ihrer mittleren Lage durch den elastischen Mittelpunkt geht. Ihre Angriffshöhe h ist

$$h = 2,75 \pm 0,75 \text{ m}.$$

Für eine Streifenlänge von 2,40 m hat man

$$R_v = 2,40 \cdot 60 \quad = \quad 144 \text{ Mp,}$$

$$R_h = 2,40 \cdot 10 \quad = \quad 24 \text{ Mp,}$$

$$M = \pm 24 \cdot 0,75 = \pm 18 \text{ Mpm.}$$

Der Abstand der Schrägpfähle von D ist $0,60 \cos 20° = 0,563$ m.

$$\sum s_i\, r_i^2 = 2 \cdot 0,563^2 + 1,60^2 + 2 \cdot 0,80^2 = 4,48.$$

Die Gruppe der Schrägpfähle hat die Steifigkeit $s_\mathrm{I} = 2$, die der Lotpfähle $s_\mathrm{II} = 3$. Nach (26) sind die Gruppenkräfte (ohne Momenteneinfluß)

$$N_\mathrm{I} \;= \frac{24}{\sin 20°} \qquad\qquad = 70,2 \text{ Mp,}$$

$$N_\mathrm{II} = \frac{144 \sin 20° - 24 \cos 20°}{\sin 20°} = 78,1 \text{ Mp.}$$

Nach (28) erhält man die Grenzwerte, zwischen denen die Pfahlkräfte variieren.

$$\left.\begin{array}{c} N_1 \\ N_3 \end{array}\right\} = \frac{70,2}{2} \pm \frac{18 \cdot 0,563}{4,48} = 32,8 \text{ bis } 37,4 \text{ Mp,}$$

$$N_2 \;= \frac{78,1}{3} \pm \frac{18 \cdot 1,60}{4,48} = 19,6 \text{ bis } 32,4 \text{ Mp,}$$

$$N_4 \;= \frac{78,1}{3} \pm \frac{18 \cdot 0,80}{4,48} = 22,8 \text{ bis } 29,2 \text{ Mp.}$$

Der Winkel φ, um den die Hauptsteifigkeitsachse geneigt ist, folgt aus (27):

$$\tan 2\varphi = \frac{2 \sin 60°}{2 \cos 60° + 3} = 0,433 \ldots, \qquad \varphi \sim 12°.$$

Die Resultante ist um den Winkel $\varrho = \operatorname{arc tan} \dfrac{10}{60} \sim 9,5°$ geneigt, d. h. die Abweichung ist nicht sehr groß.

f) Drei nicht konzentrische Pfähle (Abb. 12). Dieses Pfahlwerk wird häufig bei Kaimauern verwendet. Solange sich die Pfahlachsen nicht in einem Punkt schneiden („nichtkonzentrisch" sind), ist das Pfahlwerk statisch bestimmt und kann nach den verschiedensten Verfahren berechnet werden (z. B. mit Hilfe der Culmannschen graphischen Kräftezerlegung). Wir wählen die Berechnung mit Hilfe von „Einflußpolen", wobei interessante Rückschlüsse auf den Einfluß der Lage der Resultierenden möglich sind.

Man bestimmt die „Einflußpole" I, II, III und die „Einflußradien" r_I, r_II, r_III mit der in Abb. 12a gegebenen Bedeutung und Bezeichnung. Die Momente der äußeren Last in bezug auf die Einflußpole seien mit M_I, M_II, M_III bezeichnet. Dann ist einfach

$$N_1 = \pm M_\mathrm{I}/r_\mathrm{I}, \quad N_2 = \pm M_\mathrm{II}/r_\mathrm{II}, \quad N_3 = \pm M_\mathrm{III}/r_\mathrm{III}. \tag{29}$$

Das Doppelzeichen deutet darauf hin, daß man darauf achten muß, ob der Pfahl auf derselben Seite des Einflußpoles liegt wie die Resultierende oder nicht.

In Abb. 12b ist bei jedem Einflußpol durch einen kleinen Pfeil angedeutet, in welcher Richtung die Resultierende drehen muß, damit im betreffenden Pfahl keine Zugkräfte auftreten. Aus der Lage der Pfeile folgt, daß die Resultierende innerhalb des nichtschraffierten

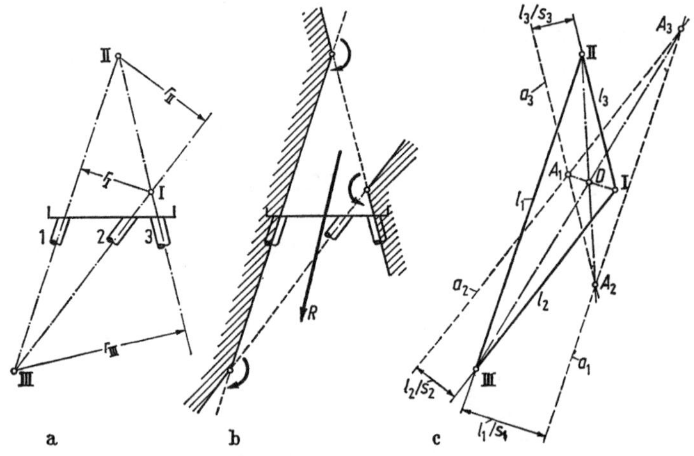

Abb. 12. Pfahlwerk aus drei Pfählen
a) Einflußpole und Einflußradien; b) zugfreies Gebiet der Resultanten; c) Konstruktion des elastischen Mittelpunktes D

Gebietes bleiben muß, wenn im ganzen Pfahlwerk keine Zugkräfte auftreten dürfen. Die Einzeichnung dieser zugfreien Zone ist von großem Nutzen beim Entwurf von Pfahlwerken.

Den elastischen Mittelpunkt D kann man, wenn erforderlich, graphisch nach Abb. 12c bestimmen. Diese Konstruktion beruht auf der Tatsache, daß sich der Block bei Momentenbelastung (ohne Kraftanteil) um D drehen muß. Bei einer solchen Drehung entstehen Pfahlkräfte, welche ein geschlossenes Krafteck bilden, so daß der Kraftanteil Null bleibt. Das Dreieck aus den Pfahlachsen mit den Dreieckseiten l_1, l_2, l_3 sei das in passend gewähltem Maßstab gezeichnete Krafteck. Dann ist

$$N_1 = l_1 = s_1\, v_1,$$
$$N_2 = l_2 = s_2\, v_2,$$
$$N_3 = l_3 = s_3\, v_3,$$

worin v_1, v_2, v_3 die in den Achsenrichtungen auftretenden, durch die Drehung um D verursachten Verschiebungen sind. Da aber diese Verschiebungen proportional den Abständen des Punktes D von den

Dreieckseiten sind, muß D so gelegt werden, daß diese Abstände den Werten l_1/s_1, l_2/s_2, l_3/s_3 proportional sind. Zu diesem Zweck zeichnet man nach Abb. 12c zu den Dreieckseiten Parallelen a_1, a_2, a_3 mit zu obigen Werten proportionalen Abständen und bestimmt ihre Schnittpunkte A_1, A_2, A_3, welche durch Verbindung mit den Eckpunkten I, II, III den Punkt D liefern.

Wenn man sich für die Lage der Hauptsteifigkeitsachse interessiert, kann man die Gl. (27) benützen, die auf drei oder mehr Pfahlrichtungen erweitert werden kann.

$$\tan 2\varphi = \frac{s_1 \sin 2\alpha_1 + s_2 \sin 2\alpha_2 + s_3 \sin 2\alpha_3}{s_1 \cos 2\alpha_1 + s_2 \cos 2\alpha_2 + s_3 \cos 2\alpha_3}, \tag{30}$$

darin sind jene α bzw. φ positiv, deren Richtungen aus der Senkrechten durch Drehung im Uhrzeigersinn hervorgehen.

Mit einem häufigen Sonderfall haben wir es zu tun, wenn von den 3 Pfählen 2 parallel sind (Abb. 13). Dann liegt ein Einflußpol im Unendlichen. Die betreffende Pfahlkraft findet man durch Zerlegung der Last in Komponenten parallel zu den beiden Pfahlrichtungen, wobei die Komponente in Richtung des nicht parallelen Pfahles seine Pfahlkraft ist. Die Bestimmung der Kräfte in den beiden parallelen Pfählen kann unverändert mit Hilfe der Einflußpole erfolgen, ebenso die Bestimmung der zugfreien Zone (s. Abb. 13).

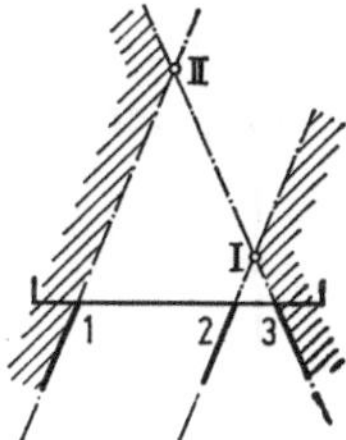

Abb. 13
Sonderfall des Pfahlwerkes nach Abb. 14

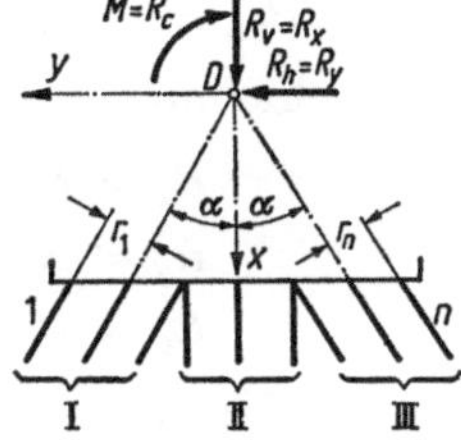

Abb. 14
Symmetrisches ebenes Pfahlwerk

g) Symmetrisches Pfahlwerk mit drei Pfahlrichtungen (Abb. 14). Die Berechnung gestaltet sich besonders einfach, da man die Koordinatenachsen von vornherein in die elastischen Achsen legen kann. Der Schnittpunkt der 3 Schwerlinien ist elastischer Mittelpunkt und mit diesem Punkt als Ursprung sind x und y nach Abb. 14 Verschiebungsachsen. Damit wird die **S**-Matrix diagonalisiert: $S_{xy} = S_{xc} = S_{yc} = 0$. Nennt man die Gruppensteifigkeiten s_I, s_II, s_III $(= s_\mathrm{I})$, so hat man

$$S_{xx} = \sum s \cos^2\alpha = (s_\mathrm{I} + s_\mathrm{III}) \cos^2\alpha + s_\mathrm{II},$$

$$S_{yy} = \sum s \sin^2\alpha = (s_\mathrm{I} + s_\mathrm{III}) \sin^2\alpha,$$

$$S_{cc} = \sum s\, r^2.$$

$$\text{Pfähle der Gruppe I:}\quad N_i = s_i\left(\frac{R_x}{S_{xx}}\cos\alpha + \frac{R_y}{S_{yy}}\sin\alpha \pm \frac{R_c}{S_{cc}}\,r_i\right),$$

$$\text{Pfähle der Gruppe II:}\quad N_i = s_i\left(\frac{R_x}{S_{xx}}\cos\alpha \pm \frac{R_c}{S_{cc}}\,r_i\right),$$

$$\text{Pfähle der Gruppe III:}\quad N_i = s_i\left(\frac{R_x}{S_{xx}}\cos\alpha - \frac{R_y}{S_{yy}}\sin\alpha \pm \frac{R_c}{S_{cc}}\,r_i\right). \tag{31}$$

h) Allgemeines ebenes Pfahlwerk. Ebene Pfahlwerke sollen möglichst so entworfen werden, daß sich einer der behandelten Sonderfälle ergibt. Wenn das aus irgendwelchen Gründen nicht möglich ist, führt man die Berechnung am besten nach den allgemeinen Formeln durch. Dabei ist es zweckmäßig, besonders wenn man nur mit dem Rechenschieber auskommen will, als Ursprung eine geschätzte Lage des elastischen Mittelpunktes zu wählen, damit die Gleichungen weniger fehlerempfindlich werden.

Die Elemente der **P**-Matrix, nämlich die Pfahlparameter sind:

$$p_{xi} = \cos\alpha_i,$$
$$p_{yi} = \sin\alpha_i,$$
$$p_{ci} = x_i\sin\alpha_i - y_i\cos\alpha_i = \pm\,r_i.$$

Bei der Berechnung dieser Ausdrücke tut die Tabelle am Schluß des Buches gute Dienste. Die Elemente der **S**-Matrix sind:

$$S_{gh} = \sum s_i\,p_{gi}\,p_{hi} \quad \text{mit}\quad g,h = x,y,c.$$

Die Blockverschiebungen ergeben sich durch Lösung der Gleichungen

$$\left.\begin{aligned}
R_x &= S_{xx}\,v_x + S_{xy}\,v_y + S_{xc}\,v_c,\\
R_y &= S_{xy}\,v_x + S_{yy}\,v_y + S_{yc}\,v_c,\\
R_c &= S_{xc}\,v_x + S_{yc}\,v_y + S_{cc}\,v_c
\end{aligned}\right\} \tag{32}$$

und die Pfahlkräfte sind

$$N_i = s_i(v_x\,p_{xi} + v_y\,p_{yi} + v_c\,p_{ci}).$$

Um die Koordinaten x_D, y_D des elastischen Mittelpunktes zu finden, stellt man sich eine Belastung nach Abb. 15a vor, also $R_x = 0$, $R_y = 1$, $R_c = x_D$. Die zugehörige Verschiebung muß eine Translation sein, also

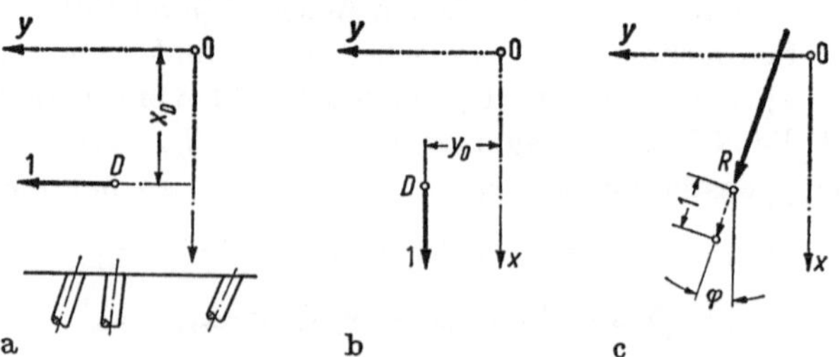

Abb. 15. Herleitung der elastischen Achsen

$v_c = 0$. Setzt man diese Werte in die drei Gln. (32) ein, so kann man v_x, v_y, eliminieren und erhält eine Formel für x_D. Mit der Belastung nach Abb. 15b, d. h. $R_x = 1$, $R_y = 0$, $R_c = -y_D$, wobei ebenfalls $v_c = 0$ ist, wiederholt man die Rechnung und erhält so die Formeln

$$x_D = \frac{-S_{xc}S_{xy} + S_{yc}S_{cc}}{S_{xx}S_{yy} - S_{xy}^2},$$

$$y_D = \frac{S_{yc}S_{xy} - S_{xc}S_{yy}}{S_{xx}S_{yy} - S_{xy}^2}. \tag{33}$$

Zur Bestimmung der elastischen Achsen (Verschiebungsachsen) fragt man nach dem Winkel φ, unter welchem eine entsprechende Kraft R nach Abb. 15c angreifen muß, damit eine Verschiebung 1 in Richtung der Kraft erfolgt. In den Gln. (32) muß man $R_x = R\cos\varphi$, $R_y = R\sin\varphi$, $v_x = \cos\varphi$, $v_y = \sin\varphi$, $v_c = 0$ setzen. R_c, bzw. die dritte Gleichung interessieren nicht. Aus den beiden ersten Gleichungen folgt dann

$$\tan\varphi = \frac{S_{xx} - S_{yy}}{2S_{xy}}\left[\pm\sqrt{1 + \left(\frac{2S_{xy}}{S_{xx} - S_{yy}}\right)^2} - 1\right] \tag{34a}$$

oder, da diese Formel bei kleinem φ zu unbequemen Zahlen führt (Wurzelwert nahe bei 1), nach trigonometrischer Umformung

$$\tan 2\varphi = \frac{2S_{xy}}{S_{xx} - S_{yy}}. \tag{34b}$$

Man könnte auch φ nach Formel (30), ergänzt auf die nötige Anzahl von Pfählen, bestimmen. Da jedoch die Steifigkeitskoeffizienten schon berechnet vorliegen, ist (34b) einfacher. Alle diese Formeln liefern zwei um 90° verschiedene φ-Werte, welche die Richtung der beiden Verschiebungsachsen angeben.

Wenn eine größere Zahl von Belastungsfällen berücksichtigt werden muß, kann es lohnend sein, nach Bestimmung der Koordinaten des elastischen Mittelpunktes D und des Winkels φ die Berechnung mit den elastischen Achsen als Koordinatenachsen neu zu beginnen, d. h. die Pfahl- und Lastparameter auf dieses Koordinatensystem zu beziehen. Man muß dann nicht mehr die drei simulanten Gln. (32) auflösen, da sie unabhängig geworden sind, so daß die Kraft in einem Pfahl unmittelbar erhalten wird:

$$N_i = s_i\left(\frac{R_x}{S_{xx}}p_{xi} + \frac{R_y}{S_{yy}}p_{yi} + \frac{R_c}{S_{cc}}p_{ci}\right). \tag{35}$$

Hierin bedeuten natürlich x, y die neue Achsen.

3. Symmetrische Pfahlwerke

Wir betrachten zunächst das Pfahlwerk mit *einer Symmetrieebene*, d. h. die Pfähle seien symmetrisch zu einer Ebene angeordnet und auch die Pfahlsteifigkeiten symmetrisch verteilt.

Man legt die Achsen x und y in die Symmetrieebene und kann dann folgende Aussage machen: Eine Belastung durch Kräfte in der x/y-Ebene erzeugt einen Verschiebungszustand, bei dem alle Verschiebungen parallel zu dieser Ebene sind oder

$$\boldsymbol{R} = \begin{pmatrix} R_x \\ R_y \\ R_c \end{pmatrix} \quad \text{erzeugt} \quad \boldsymbol{V} = \begin{pmatrix} v_x \\ v_y \\ v_c \end{pmatrix}.$$

Die $\boldsymbol{S}$-Matrix muß also durch $S_{xz} = S_{xa} = S_{xb} = S_{yz} = S_{ya} = S_{yb} = S_{zc} = S_{ac} = S_{bc} = 0$ in zwei unabhängige Teile zerfallen. In den Summenausdrücken für diese Null werden den Koeffizienten liefern nämlich zwei symmetrisch liegende Pfähle immer zwei gleiche Beträge mit entgegengesetztem Vorzeichen. Das erlaubt die weitere Schlußfolgerung

$$\boldsymbol{R} = \begin{pmatrix} R_z \\ R_a \\ R_b \end{pmatrix} \quad \text{erzeugt} \quad \boldsymbol{V} = \begin{pmatrix} v_z \\ v_a \\ v_b \end{pmatrix}.$$

Durch die Symmetrie wird also die Berechnung insoweit vereinfacht, als in zwei Rechnungsabschnitten nur jeweils 3 simultane Gleichungen gelöst werden müssen, nicht 6, wie im allgemeinen Fall.

Wenn das Pfahlwerk so entworfen ist, daß einige oder alle elastischen Achsen ohne weiteres erkannt werden können, werden beide Rechenabschnitte durch günstige Wahl der Koordinatenachsen weiter vereinfacht.

Wir wollen die beiden Teile der Berechnung durch die Indizes $\|$ und $\perp$ für Kräfte in der Symmetrieebene und senkrecht dazu kennzeichnen

$$\begin{pmatrix} R_x \\ R_y \\ R_c \end{pmatrix} = \begin{pmatrix} S_{xx} & S_{xy} & S_{xc} \\ S_{xy} & S_{yy} & S_{yc} \\ S_{xc} & S_{yc} & S_{cc} \end{pmatrix} \begin{pmatrix} v_x \\ v_y \\ v_c \end{pmatrix} \qquad \begin{array}{l} \text{oder} \quad \boldsymbol{R}_\| = \boldsymbol{S}_\| \, \boldsymbol{V}_\| \\[2mm] \text{mit} \quad \boldsymbol{S}_\| = \boldsymbol{P}_\| \, \boldsymbol{D}_\| \, \boldsymbol{P}_\|^\mathsf{T} \end{array}$$

$$\begin{pmatrix} R_z \\ R_a \\ R_b \end{pmatrix} = \begin{pmatrix} S_{zz} & S_{za} & S_{zb} \\ S_{za} & S_{aa} & S_{ab} \\ S_{zb} & S_{ab} & S_{bb} \end{pmatrix} \begin{pmatrix} v_z \\ v_a \\ v_b \end{pmatrix} \qquad \begin{array}{l} \text{oder} \quad \boldsymbol{R}_\perp = \boldsymbol{S}_\perp \, \boldsymbol{V}_\perp \\[2mm] \text{mit} \quad \boldsymbol{S}_\perp = \boldsymbol{P}_\perp \, \boldsymbol{D}_\perp \, \boldsymbol{P}_\|^\mathsf{T}. \end{array}$$

Der erste Teil der Berechnung entspricht völlig jener eines ebenen Pfahlwerkes. Es gelten also unverändert die Formeln (33) für die Verdrehungsachse in z-Richtung, bzw. für den elastischen Mittelpunkt D und die Formel (34b) für die Richtung der beiden in der x/y-Ebene liegenden Verschiebungsachsen durch D. Man kann gegebenenfalls die Formel für die Sonderfälle des ebenen Pfahlwerkes benützen, nur muß man dabei hinsichtlich der Steifigkeiten folgendes beachten. Ein symmetrisches Pfahlpaar, dessen Achsen mit der x/γ-Ebene den Winkel δ

bilden, verhält sich bei Verschiebungen längs der x/y-Ebene so, als ob in der Projektion des Paares auf diese Ebene ein Pfahl der Steifigkeit $\bar{s} = 2 s_i \cos^2 \delta$ vorhanden wäre; erhält man in diesem gedachten Pfahl die Kraft $\bar{N}$, so muß sie nach den Richtungen der beiden wirklichen Pfähle zerlegt werden, also $N_i = \bar{N}/2\cos\delta$.

Im zweiten Teil der Berechnung handelt es sich um die Beziehung zwischen der Last R_z bzw. ihrer Momente R_a, R_b um die Achsen x, y und der Verschiebung v_z bzw. den Verdrehungen v_a, v_b. Man kann daher, ähnlich wie beim Pfahlwerk mit senkrechten Pfählen eine Analogie zur Berechnung der elastischen Verschiebungen des Querschnittes einer exzentrisch belasteten Säule aufstellen:

S_{zz} entspricht dem Querschnitt.

$\left.\begin{array}{l} S_{za} \\ S_{zb} \end{array}\right\}$ entsprechen den statischen Momenten des Querschnittes in bezug auf x, y.

$\left.\begin{array}{l} S_{aa} \\ S_{bb} \end{array}\right\}$ entsprechen den Trägheitsmomenten in bezug auf x, y.

S_{ab} entspricht dem Zentrifugalmoment.

Die Koordinaten des Punktes C, welcher dem Schwerpunkt entspricht, erhält man durch

$$x_C = -\frac{S_{zb}}{S_{zz}}, \quad y_C = \frac{S_{za}}{S_{zz}}. \tag{36}$$

Durch C geht die dritte Verschiebungsachse in z-Richtung und zwei Verdrehungsachsen in der x/y-Ebene. Ihre Lage ist praktisch unwichtig, aber man könnte den Winkel ψ, den sie mit den Achsen x, y bilden, folgendermaßen erhalten:

$$\tan 2\psi = \frac{2(S_{ab}S_{zz} - S_{za}S_{zb})}{S_{zz}(S_{aa} - S_{bb}) + S_{zb}^2 - S_{za}^2}. \tag{37}$$

Das allgemeine ebene Pfahlwerk hat also 3 Verdrehungsachsen, die ebenso wie die Verschiebungsachsen aufeinander senkrecht stehen und nicht durch denselben Punkt gehen. Von den 6 elastischen Achsen schneiden sich jeweils 3 in den beiden Punkten D und C.

Wenn der Rang der Matrizen $\boldsymbol{P}_\parallel$ oder $\boldsymbol{P}_\perp$ und damit auch der der Matrizen $\boldsymbol{S}_\parallel$ oder $\boldsymbol{S}_\perp$ kleiner als 3 ist, haben wir es mit einem degenerierten Pfahlwerk zu tun. Einfacher als die Feststellung des Ranges ist folgende Regel: Das symmetrische Pfahlwerk ist nicht degeneriert, d. h. beliebige Lasten sind verträglich, wenn

1. wenigstens 6 Pfähle vorhanden sind,

2. die Pfahlachsen sich in keiner der drei Projektionen in einem Punkt treffen,

3. es keine in der Symmetrieebene liegende Gerade gibt, die alle Pfahlachsen trifft.

Die letzte Bedingung wird leicht übersehen und sei daher am Beispiel der Abb. 16 erläutert. Alle Pfähle sind 3:4 gegen die x-Achse geneigt, haben also $\alpha \sim 36,9°$. Die Abstände sind so gewählt worden, daß sich die Pfahlparameter mit wenig Ziffern genau angeben lassen (ohne

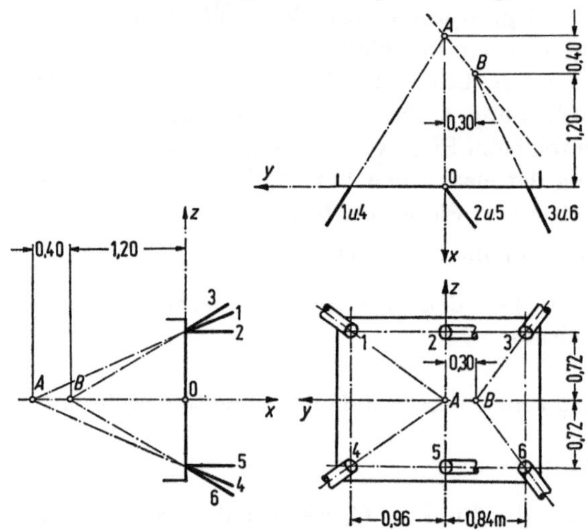

Abb. 16. Degeneriertes Pfahlwerk $\left(\alpha = \arc\tan\frac{3}{4} \sim 36,9°\ \text{bei allen Pfählen}\right)$

Abrundung), um zahlenmäßige Besonderheiten leichter erkennen zu können. Die mit den Angaben der Abb. 16 berechneten Pfahlparameter ergeben folgende Pfahlmatrizen:

Pfahl-
nummer   1   2   3   4   5   6

$$
\boldsymbol{P}_{\|} = \begin{pmatrix} 0,80 & 0,80 & 0,80 & 0,80 & 0,80 & 0,80 \\ 0,48 & -0,60 & -0,36 & 0,48 & -0,60 & -0,36 \\ -0,768 & 0 & 0,672 & -0,768 & 0 & 0,672 \end{pmatrix} \begin{matrix} = p_x, \\ = p_y, \\ = p_c, \end{matrix}
$$

$$
\boldsymbol{P}_{\perp} = \begin{pmatrix} 0,36 & 0 & 0,48 & -0,36 & 0 & -0,48 \\ 0 & 0,432 & -0,144 & 0 & -0,432 & 0,144 \\ 0,576 & 0,576 & 0,576 & -0,576 & -0,576 & -0,576 \end{pmatrix} \begin{matrix} = p_z, \\ = p_a, \\ = p_b. \end{matrix}
$$

Mit diesen Werten könnte man die Steifigkeitsmatrizen $\boldsymbol{S}_{\|}$ und $\boldsymbol{S}_{\perp}$ berechnen, aber $\boldsymbol{S}_{\perp}$ wäre singulär, d. h. ihre Determinante gleich Null, denn der Rang von $\boldsymbol{P}_{\perp}$ ist nur 2, nicht 3. Es gibt nämlich in $\boldsymbol{P}_{\perp}$ nicht drei, sondern nur zwei unabhängige Spalten, während die übrigen von diesen linear abhängen. Nimmt man beispielsweise die ersten beiden Spalten $\boldsymbol{p}_{\perp 1}$ und $\boldsymbol{p}_{\perp 2}$ als unabhängige, so erhält man die übrigen durch

$$\boldsymbol{p}_{\perp 3} = \tfrac{4}{3}\boldsymbol{p}_{\perp 1} - \tfrac{1}{3}\boldsymbol{p}_{\perp 2}, \qquad \boldsymbol{p}_{\perp 4} = -\boldsymbol{p}_{\perp 1},$$

$$\boldsymbol{p}_{\perp 5} = -\boldsymbol{p}_{\perp 2}, \qquad\qquad \boldsymbol{p}_{\perp 6} = -\tfrac{4}{3}\boldsymbol{p}_{\perp 1} + \tfrac{1}{3}\boldsymbol{p}_{\perp 2}.$$

Diese Singularität rührt daher, daß das Pfahlwerk eine Nullachse hat und zwar die Gerade $\overline{AB}$ (s. Abbildung), welche alle Pfahlachsen trifft, nämlich die Achsen der Pfähle 1 und 4 in A, 2 und 5 im Unendlichen, 3 und 6 in B. Es sind also nur belastende Kräfte verträglich, welche $\overline{AB}$ treffen. Dazu gehören alle Belastungen in der Symmetrieebene und daher zeigt sich an $P_{\parallel}$ keine Singularität.

Wir wollen für das Beispiel der Abb. 17 die Pfahlkräfte berechnen. Die Angaben über die Pfahlanordnung sind:

Pfahl	Steifig-keit s	x [m]	y [m]	z [m]	α°	ω°
1	1	0	1,0	2,5	15	0
2	1	0	1,0	1,0	15	90
3	1	0	1,0	−1,0	15	270
4	1	0	1,0	−2,5	15	0
5	1	0	−1,0	2,5	15	135
6	1	0	−1,0	1,0	15	0
7	1	0	−1,0	−1,0	15	0
8	1	0	−1,0	−2,5	15	225

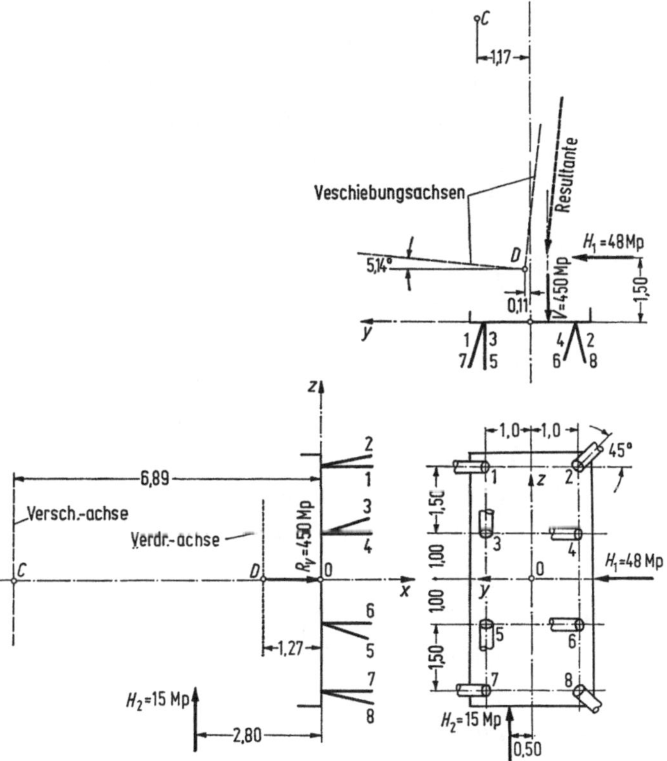

Abb. 17. Beispiel eines symmetrischen Pfahlwerkes

Die Komponenten der Belastungsresultierenden sind (Abb. 17):

$$R_x = 450 \text{ Mp}$$
$$R_y = 48 \quad \text{,,}$$
$$R_z = 15 \quad \text{,,}$$
$$R_a = 15 \cdot 0{,}50 \phantom{= 450 \cdot 0{,}3 - 48} = 7{,}5 \text{ Mpm}$$
$$R_b = 15 \cdot 2{,}80 \phantom{= 450 \cdot 0{,}3 - 48 \cdot 7{,}5} = 42 \quad \text{,,}$$
$$R_c = 450 \cdot 0{,}3 - 48 \cdot 7{,}5 = 63 \quad \text{,,}$$

Bei der Bestimmung dieser Werte muß man auf das Vorzeichen achten. Die Abb. 17 ist so angeordnet, daß in allen drei Projektionszeichnungen die Drehung im Uhrzeigersinn positiv ist. Man berechnet nun die Pfahlparameter:

$$p_x = \cos\alpha, \qquad p_a = y\,p_z - z p_y,$$
$$p_y = \sin\alpha\,\cos\omega, \qquad p_b = z\,p_x - x\,p_z,$$
$$p_z = \sin\alpha\,\sin\omega, \qquad p_c = x\,p_y - y\,p_x,$$

$$
\boldsymbol{P}_\parallel^T =
\begin{pmatrix}
p_x & p_y & p_c \\
0{,}9659 & 0{,}2588 & -0{,}9659 \\
0{,}9659 & 0 & -0{,}9659 \\
0{,}9659 & 0 & -0{,}9659 \\
0{,}9659 & 0{,}2588 & -0{,}9659 \\
0{,}9659 & -0{,}1830 & 0{,}9659 \\
0{,}9659 & 0{,}2588 & 0{,}9659 \\
0{,}9659 & 0{,}2588 & 0{,}9659 \\
0{,}9659 & -0{,}1830 & 0{,}9659
\end{pmatrix},
$$

$$
\boldsymbol{P}_\perp^T =
\begin{pmatrix}
p_z & p_a & p_b \\
0 & -0{,}6470 & 2{,}415 \\
0{,}2588 & 0{,}2588 & 0{,}966 \\
-0{,}2588 & -0{,}2588 & -0{,}966 \\
0 & +0{,}6470 & -2{,}415 \\
0{,}1830 & 0{,}2745 & 2{,}415 \\
0 & -0{,}2588 & 0{,}966 \\
0 & 0{,}2588 & -0{,}966 \\
-0{,}1830 & -0{,}2745 & -2{,}415
\end{pmatrix},
$$

$$
\boldsymbol{S}_\parallel =
\begin{pmatrix}
7{,}464 & 0{,}646 & 0 \\
0{,}646 & 0{,}335 & -0{,}354 \\
0 & -0{,}354 & 7{,}464
\end{pmatrix},
\qquad
\boldsymbol{R}_\parallel =
\begin{pmatrix}
R_x \\ R_y \\ R_c
\end{pmatrix}
=
\begin{pmatrix}
450 \\ 48 \\ 63
\end{pmatrix},
$$

$$
\boldsymbol{S}_\perp =
\begin{pmatrix}
0{,}2010 & 0{,}2345 & 1{,}384 \\
0{,}2345 & 1{,}256 & -1{,}799 \\
1{,}384 & -1{,}799 & 27{,}06
\end{pmatrix},
\qquad
\boldsymbol{R}_\perp =
\begin{pmatrix}
R_z \\ R_a \\ R_b
\end{pmatrix}
=
\begin{pmatrix}
15 \\ 7{,}5 \\ 42
\end{pmatrix}.
$$

Die Auflösung der beiden Gleichungssysteme ergibt:

$$V_{\parallel} = \begin{pmatrix} v_x \\ v_y \\ v_c \end{pmatrix} = \begin{pmatrix} 56{,}3 \\ 45{,}8 \\ 10{,}6 \end{pmatrix}, \qquad V_{\perp} = \begin{pmatrix} v_z \\ v_a \\ v_b \end{pmatrix} = \begin{pmatrix} 272 \\ -69{,}1 \\ -16{,}9 \end{pmatrix}.$$

Bei der Berechnung der Pfahlkräfte braucht die Trennung in die beiden Rechenabschnitte nicht mehr aufrecht erhalten zu werden.

$$N_i = 56{,}3\,p_{xi} + 45{,}8\,p_{yi} + 272\,p_{zi} - 69{,}1\,p_{ai} - 16{,}9\,p_{bi} + 10{,}6\,p_{ci},$$

das ergibt

$$N^T = (N_1 \quad N_2 \quad N_3 \quad N_4 \quad N_5 \quad N_6 \quad N_7 \quad N_8)$$
$$= (59{,}9 \quad 80{,}3 \quad 8{,}1 \quad 52{,}3 \quad 46{,}2 \quad 78{,}0 \quad 75{,}0 \quad 66{,}2 \text{ Mp}).$$

Bemerkung: Wenn man die wirklichen Blockverschiebungen ermitteln will, muß man die wirklichen Pfahlsteifigkeiten kennen, die in unserer Berechnung $s = 1$ angenommen worden sind. Für einen Wert von $s = 10\,000$ Mp/m $= 10$ Mp/mm, würden die ermittelten Werte beispielsweise bedeuten, daß sich der am Ursprung 0 liegende Punkt des Blockes um $v_z/10 = 27$ mm in der z-Richtung verschiebt, während der Drehwinkel um die senkrechte x-Achse im Bogenmaß

$$v_a/10\,000 = 0.007 \quad \text{oder} \quad \sim 0{,}4°$$

betragen würde.

Um schließlich die 3 Verschiebungsachsen zu erhalten, berechnen wir nach (33), (34b) und (36)

$$x_D = \frac{-0{,}354 \cdot 7{,}464}{7{,}464 \cdot 0{,}335 - 0{,}646^2} = -1{,}27 \text{ m},$$

$$y_D = \frac{-0{,}354 \cdot 0{,}646}{7{,}464 \cdot 0{,}335 - 0{,}646^2} = -0{,}11 \text{ m},$$

$$\tan 2\varphi = \frac{2 \cdot 0{,}646}{7{,}464 - 0{,}335} = 0{,}1813, \quad \varphi = 5{,}14°,$$

$$x_C = -\frac{1{,}384}{0{,}201} = -6{,}89 \text{ m},$$

$$y_C = \frac{0{,}2345}{0{,}201} = 1{,}17 \text{ m}.$$

Diese Werte — in die Abb. 17 eingetragen — erlauben den Schluß, daß es sich um einen schlechten Entwurf handelt. Die Resultante der Kräfte in der x/y-Ebene geht in beträchtlicher Entfernung am elastischen Mittelpunkt D vorbei, wenn sie auch ungefähr die Richtung der Hauptsteifigkeitsachse hat. Noch krasser ist die Abweichung der Richtungslinie der — wenn auch kleinen — Kraft H_2 von der zugehörigen Steifigkeitsachse durch C. Bei besserer Pfahlanordnung könnte man die Pfahlkräfte und vor allem die Blockverschiebungen erheblich verringern.

Besonders einfach ist die Berechnung, wenn das Pfahlwerk *zwei Symmetrieebenen* hat. Solche Pfahlwerke verwendet man vor allem bei symmetrisch verteilten Belastungen, wie sie bei Brückenpfeilern vorkommen.

Im Beispiel der Abb. 18 kann man alle elastischen Achsen bzw. die beiden elastischen Mittelpunkte 0, $\bar{0}$ sofort angeben. Zur Rechenverein-

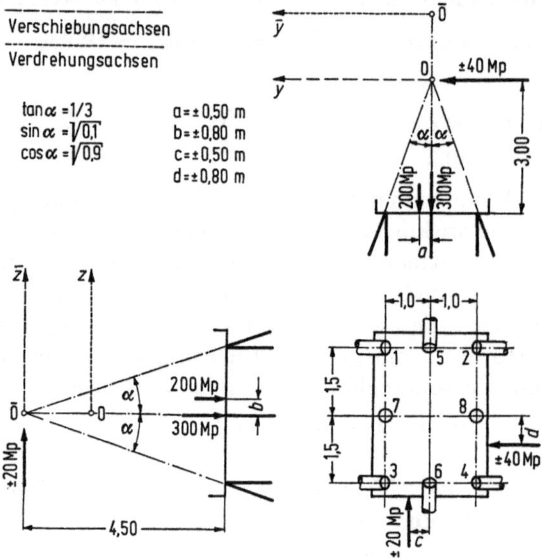

Abb. 18. Pfahlwerk mit 2 Symmetrieebenen

fachung empfiehlt es sich mit zwei Koordinatensystemen zu rechnen. Auf $x/y/z$ bezogen ist

$$R_x = 500 \text{ Mp},$$
$$R_y = \pm 40 \text{ Mp},$$
$$R_z = \pm 20 \text{ Mp},$$
$$R_a = 40 \cdot 0{,}80 \pm 20 \cdot 0{,}50 = \pm 42 \text{ Mpm},$$
$$(R_b = \pm 200 \cdot 0{,}80 \pm 20 \cdot 1{,}50 = \pm 190 \text{ Mpm}),$$
$$R_c = \pm 200 \cdot 0{,}50 \qquad = \pm 100 \text{ Mpm}.$$

Den in Klammern gesetzten Wert werden wir nicht verwenden, sondern lieber in bezug auf das System $x/\bar{y}/\bar{z}$ berechnen:

$$R_{\bar{b}} = \pm 200 \cdot 0{,}80 = 160 \text{ Mpm}.$$

Der Unterschied tritt nur bei R_b und R_c auf während die übrigen Lastkomponenten in beiden Systemen dieselben sind. Die Rechenvereinfachung besteht darin, daß im System $x/\bar{y}/\bar{z}$ durch $S_{\bar{z}b} = 0$ (ebenso wie durch $S_{yc} = 0$ im System $x/y/z$) die Steifigkeitsmatrix diagonalisiert wird, so daß keinerlei Gleichungssysteme zu lösen sind.

Pfahlparameter

Pfahl	p_x	p_y	$p_z = p_{\bar z}$	$p_a = p_{\bar a}$	p_b	p_c
1	$\cos\alpha$	$+\sin\alpha$	0	$+\,1{,}5\sin\alpha$	$+\,1{,}5\cos\alpha$	0
2	$\cos\alpha$	$-\sin\alpha$	0	$-\,1{,}5\sin\alpha$	$+\,1{,}5\cos\alpha$	0
3	$\cos\alpha$	$+\sin\alpha$	0	$-\,1{,}5\sin\alpha$	$-\,1{,}5\cos\alpha$	0
4	$\cos\alpha$	$-\sin\alpha$	0	$+\,1{,}5\sin\alpha$	$-\,1{,}5\cos\alpha$	0
5	$\cos\alpha$	0	$+\sin\alpha$	0	0	0
6	$\cos\alpha$	0	$-\sin\alpha$	0	0	0
7	1	0	0	0	0	-1
8	1	0	0	0	0	$+1$

Mit $\sin\alpha = \sqrt{0{,}1}$ und $\cos\alpha = \sqrt{0{,}9}$ erhält man die Elemente der Hauptdiagonale der **S**-Matrix (die übrigen Elemente sind Null).

$$S_{xx} = 2 + 6\cos^2\alpha = 7{,}4,$$
$$S_{yy} = 4\sin^2\alpha = 0{,}4,$$
$$S_{zz} = 2\sin^2\alpha = 0{,}2,$$
$$S_{aa} = 4 \cdot 1{,}5^2\sin^2\alpha = 0{,}9,$$
$$S_{\bar b \bar b} = 4 \cdot 1{,}5^2\cos^2\alpha = 8{,}1,$$
$$S_{cc} = 2 \cdot 1^2 = 2{,}0.$$

Die Blockverschiebungen wären $v_x = R_x/S_{xx} \ldots v_c = R_c/S_{cc}$ und die Pfahlkräfte sind in der

Gruppe 1 bis 4:

$$N = \frac{500}{7{,}4}\cos\alpha \pm \frac{20}{0{,}2}\sin\alpha \pm \frac{42}{0{,}9}\cdot 1{,}5\sin\alpha \pm \frac{160}{8{,}1}\cdot 1{,}5\cos\alpha$$
$$= -18 \text{ bis } +146 \text{ Mp},$$

Gruppe 5, 6:

$$N = \frac{500}{7{,}4}\cos\alpha \pm \frac{40}{0{,}4}\sin\alpha = +33 \text{ bis } +96 \text{ Mp},$$

Gruppe 7, 8:

$$N = \frac{500}{7{,}4} \pm \frac{100}{2{,}0}\cdot 1 = +18 \text{ bis } +128 \text{ Mp}.$$

II. Plastische Berechnung bei gelenkigen Pfählen

1. Allgemeines

Den bisherigen Berechnungen lag die Annahme zugrunde, daß die Verschiebung des Pfahlkopfes, projiziert auf die Pfahlachse, der Pfahlkraft N proportional ist. Im Sinne dieser „elastischen" Berechnung werden die maximalen Pfahlkräfte mit der angenommenen oder durch Probebelastung bestimmten Pfahltragfähigkeit verglichen und danach die Sicherheit des Pfahlwerkes beurteilt.

Die Sicherheitsreserven eines Pfahlwerkes brauchen aber durchaus nicht erschöpft zu sein, wenn *ein* Pfahl überlastet wird. Um einen sparsamen Entwurf zu erzielen, kann es daher notwendig sein, das Verhalten eines Pfahlwerkes bis zur Grenze seiner Tragfähigkeit rechnerisch zu verfolgen, d. h. eine „plastische Berechnung" durchzuführen.

Das Verhalten eines Pfahles sei gegeben durch seine wie früher definierte Steifigkeit s und durch die Grenzen N_{min}, N_{max}, zwischen denen die Pfahlkraft N liegen muß, damit das Pfahlverhalten elastisch

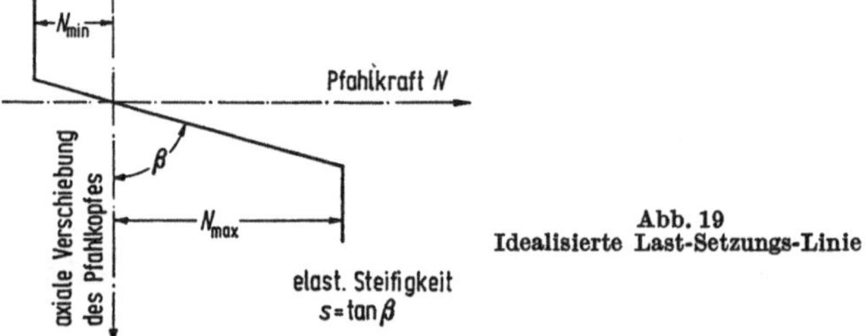

Abb. 19
Idealisierte Last-Setzungs-Linie

bleibt. Pfahlkräfte außerhalb dieser Grenzen sollen infolge plastischen Ausweichens des Bodens unmöglich sein; es wird also eine Lastsetzungs-linie nach Abb. 19 zugrunde gelegt. Die Werte s, N_{max}, N_{min} werden am zutreffendsten durch Probebelastungen ermittelt, doch gehen wir hierauf nicht ein, sondern sehen diese Werte als gegeben an. Bei gleichen Pfählen kann hier — wie bei der elastischen Berechnung — für alle Pfähle $s = 1$ angenommen werden; der wirkliche s-Wert interessiert nur bei der Berechnung der wirklichen Verschiebungen, nicht bei der Bestimmung der Sicherheit des Pfahlwerkes.

Die Berechnung gründet sich auf die Vorstellung, daß bei zunehmender Last ein Pfahl nach dem anderen plastisch wird, bis schließlich ein

Zustand erreicht wird, in welchem der Block sich ohne weitere Last-steigerung verschieben kann. Die Kenntnis dieses *Bruchverschiebungs-zustandes* liefert dann durch eine Arbeitsgleichung den Sicherheits-faktor φ.

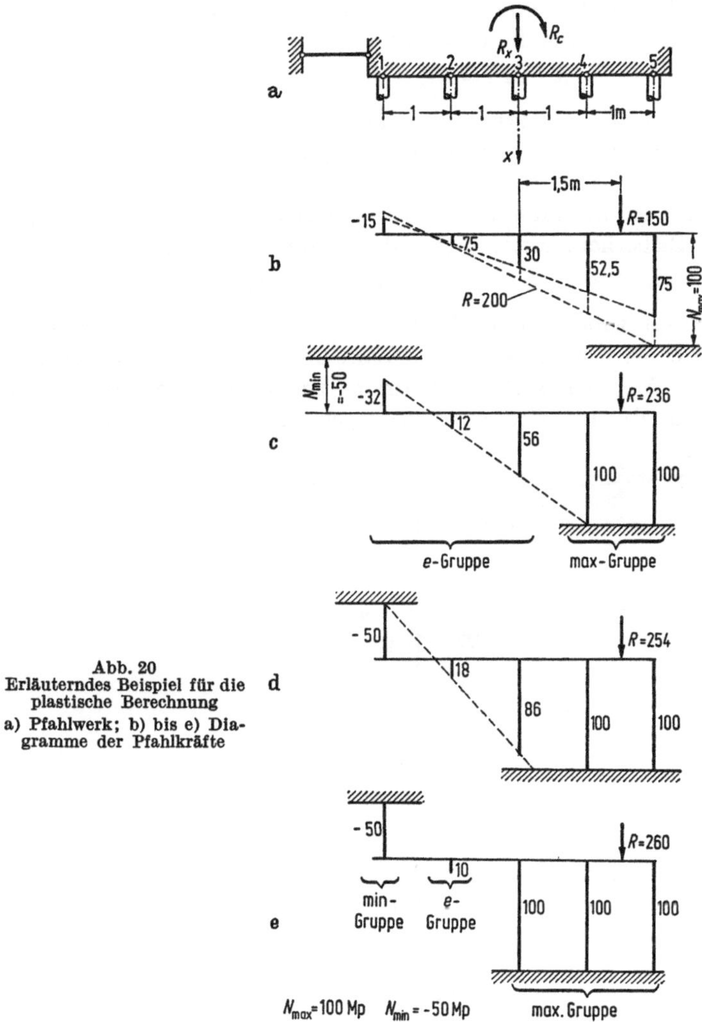

Abb. 20
Erläuterndes Beispiel für die plastische Berechnung
a) Pfahlwerk; b) bis e) Diagramme der Pfahlkräfte

2. Erläuterndes Beispiel

Um den Rechnungsgang leichter verstehen zu können, erläutern wir ihn am Beispiel der Abb. 20. Das Pfahlwerk ist eben und hat parallele Pfähle, so daß 4 Freiheitsgrade vorhanden wären. Es wird angenommen, daß der Block in der Pfahlebene geführt ist und noch eine zusätzliche Stützung gegen waagerechte Verschiebung hat, wie in Abb. 20a angedeutet. Damit ist die *freie* Verschiebungsmöglichkeit ausgeschaltet und die *elastische* Verschiebung ist durch die zwei Parameter v_x und v_c bestimmt. Die Lastkomponenten sind $R_x = 150$ Mp, $R_c = 225$ Mpm.

Durch elastische Berechnung erhält man die Pfahlkräfte

$$N^T = (-15,\ 7{,}5,\ 30,\ 52{,}5,\ 75\ \text{Mp})$$

die in Abb. 20b als Strecken aufgetragen sind.

Statt der Lastkomponenten R_x, R_c ist in der Abbildung eine Kraft $R = 150$ Mp in entsprechender Lage eingezeichnet worden. Es wird angenommen, die Pfahlkraftgrenzwerte seien $+100$ und -50 Mp. Dann ist der Sicherheitsfaktor gegen das Erreichen dieser Grenzen

$$\varphi_{\text{el}} = 100/75 = 1{,}333 .$$

Die mit zunehmender Last sich einstellenden Pfahlkräfte sind in Abb. 20c bis e dargestellt. Die Zahl der plastisch gewordenen Pfähle mit $N = N_{\max}$ (max-Gruppe) nimmt zu, die der elastisch gebliebenen e-Gruppe ab. Im Grenzzustand nach Abb. 20e besteht die Rest-e-

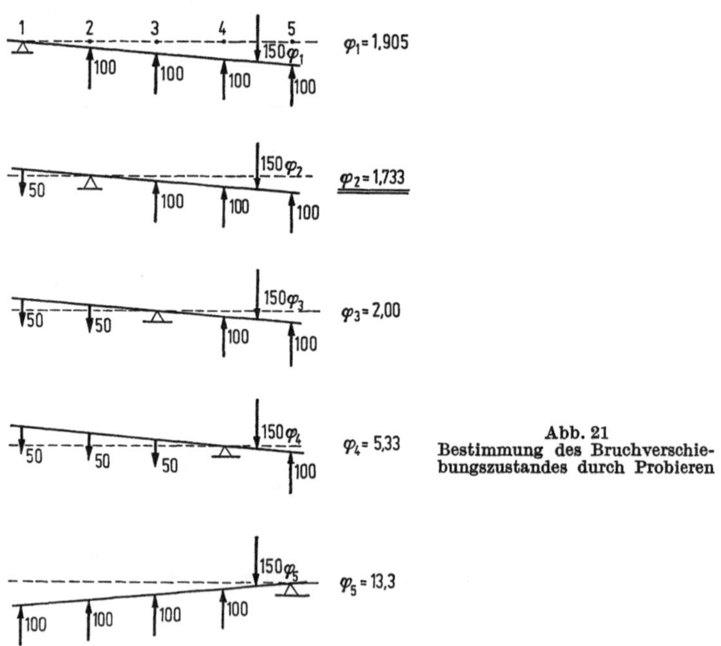

Abb. 21
Bestimmung des Bruchverschiebungszustandes durch Probieren

Gruppe aus nur einem Pfahl, um dessen Kopf (Punkt 2) sich der Block bei gleichbleibender Last frei drehen kann, da die plastischen Pfähle über keinen zusätzlichen Widerstand mehr verfügen. Man kann nun ohne den Umweg über die Zwischenzustände teilweiser Plastifizierung den Bruchverschiebungszustand und die Bruchlast $\varphi\,\boldsymbol{R}$, bzw. den Sicherheitsfaktor φ unmittelbar finden. In diesem Zustand muß das aus der Rest-e-Gruppe, d. h. aus einem Pfahl allein bestehend gedachte Pfahlwerk beweglich sein. Man probiert nun die verschiedenen Möglichkeiten aus, indem man nach Abb. 21 mit Hilfe von Momentengleichungen feststellt, mit welchem Faktor φ die Last multipliziert werden muß, um Gleichgewicht zu erzielen. Der Block wird sich um den Punkt drehen. bei dem der Widerstand am geringsten ist; der kleinste φ-Wert ist also der richtige. In allen bei der Drehung gedrückten Pfählen herrscht $N = N_{\mathrm{max}} = 100\,\mathrm{Mp}$, in den gezogenen $N = N_{\mathrm{min}} = -50\,\mathrm{Mp}$ (siehe Abb. 21). Der kleinste Wert ergibt sich bei festgehaltenem Punkt 2 und es ist

$$\varphi = 1{,}733.$$

Der Wert der Bruchlast ergibt sich daraus zu $1{,}733 \cdot 150 = 260\,\mathrm{Mp}$. Zur Kontrolle der richtigen Wahl der Restgruppe, d. h. des Pfahles 2 berechnen wir seine Pfahlkraft:

$$N_2 = 260 + 50 - 300 = 10\,\mathrm{Mp}.$$

Sie überschreitet die Grenzen -50 und $+100\,\mathrm{Mp}$ nicht, also ist der Pfahl tatsächlich elastisch.

Wie man sieht, gibt die plastische Rechnung einen um 30% höheren Sicherheitsfaktor als die elastische. Es wäre verkehrt, an dieses Ergebnis besondere Hoffnungen bezüglich der plastischen Rechnung zu knüpfen. Abb. 20 stellt nämlich einen extrem schlechten Pfahlwerksentwurf dar. Bei der gegebenen Laststellung wäre es besser, zwei Pfähle wegzulassen und die verbliebenen drei zentrisch zur Last anzuordnen, dann hätte man ein Pfahlwerk erzielt, dessen Sicherheitsfaktor (elastisch oder plastisch gerechnet) $\varphi = 2$ wäre. Man kann ganz allgemein sagen, daß die plastische Rechnung um so nötiger ist je schlechter die Pfähle angeordnet sind; Pfojektfehler werden durch plastisches Fließen z. T. ausgeglichen.

3. Berechnungsverfahren

Zunächst wollen wir uns überlegen, ob sich die Aufstellung eines allgemeinen Rechnungsverfahrens überhaupt lohnt. Statt schlechte Entwürfe zu machen, die eine plastische Berechnung benötigen, ist es sinnvoller, gute Entwürfe vorzuziehen oder sogar statisch bestimmte, bei denen die plastische Berechnung dasselbe ergibt wie die elastische. Außerdem ist zu überlegen, ob man das Pfahlverhalten genau genug kennt, um eine verfeinerte Berechnung darauf aufbauen zu können. Man kann sich aber gewisse Fälle vorstellen, in denen die plastische Berechnung angebracht wäre, und zwar:

1. Bei großer Tragfähigkeit der vorgesehenen Pfähle im Vergleich zur Größe der Lasten ist die Anzahl der Pfähle gering, so daß wenig

Freiheit für eine günstigste Anordnung bleibt. Für gewisse Laststellungen arbeitet dann das Pfahlwerk unter schlechten Bedingungen, die evtl. durch plastisches Fließen verbessert werden können.

2. Es kommt manchmal vor, daß durch Ausführungsfehler die Pfähle in ihrer Lage wesentlich vom Entwurf abweichen. Wenn man durch Nachrechnung entscheiden will, ob das fehlerhaft ausgeführte Pfahlwerk vielleicht doch den Anforderungen gewachsen ist, hat man es auf jeden Fall mit einem „schlechten Entwurf" zu tun, denn der gute war ja jener ohne Abweichung. Der plastische Ausgleich der Fehler kann bei dieser Nachrechnung eine wesentliche Rolle spielen.

Bei solchen unregelmäßigen Abweichungen in der Pfahlstellung hat man es mit einem allgemeinen Pfahlwerk ohne Symmetrie zu tun, was zu einem völlig unzumutbaren Rechenaufwand bei Handrechnung führt. Es ist daher zweckmäßig, beim Aufbau des Rechenverfahrens vor allem einen möglichst schematischen Rechenablauf anzustreben, der sich leicht programmieren läßt.

Zur Berechnung des Sicherheitsfaktors φ geht man üblicherweise vom Bruchverschiebungszustand aus, den wir mit $\overline{V}$ bezeichnen wollen. Man setzt die von der Last $\varphi \boldsymbol{R}$ während $\overline{V}$ geleistete Arbeit gleich der Arbeit der Pfahlkräfte in den plastizifierten Pfählen. Diese Kräfte sind N_{max} in den gedrückten und N_{min} in den gezogenen Pfählen. $\overline{V}$ muß so gewählt werden, daß die Pfähle der elastisch gebliebenen Restgruppe keine Arbeit leisten. Die zu diesem Rechnungsgang nötigen Formeln wollen wir kurz zusammenstellen, obwohl wir später die Rechnung anders aufbauen werden.

Die elastische Restgruppe, für sich als Pfahlwerk betrachtet, muß einen Freiheitsgrad haben, also degeneriert sein. Wir nehmen an, das vollständige Pfahlwerk aus n Pfählen sei nicht degeneriert. Dann besteht die Restgruppe im allgemeinen aus 5 Pfählen, kann aber auch $6, 7, \ldots, n - 1$ Pfähle enthalten. Bei $n = 8$ gibt es z. B. wenigstens

$$\binom{8}{5} = 56$$

mögliche Restgruppen und in

$$\binom{8}{7} + \binom{8}{6} = 36.$$

Fällen müßte man den Rang der $\boldsymbol{P}$-Matrix aus 6 oder 7 Pfählen bestimmen, um jene Fälle auszusondern, in denen keine Beweglichkeit vorhanden ist. Mit jeder der verbleibenden möglichen Restgruppen ist dann folgendermaßen zu verfahren. Man setzt für die Pfähle der Gruppe (Index e)

$$(\bar{v}_x\, p_x + \bar{v}_y\, p_y + \bar{v}_z\, p_z + \bar{v}_a\, p_a + \bar{v}_b\, p_b + \bar{v}_c\, p_c)_e = 0$$

oder, mit der Bezeichnung $\boldsymbol{P}_e$ für die Pfahlmatrix der e-Gruppe,

$$\boldsymbol{P}_e^T \, \overline{\boldsymbol{V}} = 0. \tag{38}$$

Dadurch ist $\overline{\boldsymbol{V}}$ als der Verschiebungszustand definiert, bei dem die Kräfte der e-Gruppe keine Arbeit leisten. Im Falle von 5 e-Pfählen hat man beispielsweise 5 in den 6 Werten $\bar{v}_x, \bar{v}_y, \ldots, \bar{v}_c$ homogene Gleichungen, so daß ein Wert frei gewählt werden kann, von dem dann die übrigen linear abhängig sind.

Der Richtungssinn des auf diese Art definierten Bruchverschiebungszustandes $\overline{\boldsymbol{V}}$ wird so gewählt, daß die Arbeit der Last $\overline{\boldsymbol{V}}^T \boldsymbol{R}$ positiv ist. Mit Hilfe der auf die plastischen Pfähle angewendeten Gleichungen

$$(\bar{v}_x\, p_{x\,i} + \bar{v}_y\, p_{y\,i} + \bar{v}_z\, p_{z\,i} + \bar{v}_a\, p_{a\,i} + \bar{v}_b\, p_{b\,i} + \bar{v}_c\, p_{c\,i})_{\mathrm{pl}} = \bar{v}_i$$

werden die Grenzkräfte festgestellt, und zwar: für $\bar{v}_i > 0$ ist $N_{\mathrm{pl}} = N_{\mathrm{max}}$, für $\bar{v}_i < 0$ ist $N_{\mathrm{pl}} = N_{\mathrm{min}}$. Die Spaltenmatrix aus diesen Werten sei mit N_{pl} bezeichnet. Dann ist die von den plastischen Pfählen während $\overline{V}$ geleistete Arbeit

$$\overline{\boldsymbol{V}}^T \boldsymbol{P}_{\mathrm{pl}} \boldsymbol{N}_{\mathrm{pl}}, \tag{39}$$

worin $\boldsymbol{P}_{\mathrm{pl}}$ die aus den plastischen Pfählen gebildete Pfahlmatrix ist. Damit ergibt sich der Sicherheitsfaktor durch folgende Formel:

$$\varphi = \frac{\overline{\boldsymbol{V}}^T \boldsymbol{P}_{\mathrm{pl}} \boldsymbol{N}_{\mathrm{pl}}}{\overline{\boldsymbol{V}}^T \boldsymbol{R}}. \tag{40}$$

Diese Rechnung wird für jede mögliche elastische Restgruppe durchgeführt und der kleinste φ-Wert als der richtige Sicherheitsfaktor ausgesucht.

Wie man sieht, ist die Berechnung nach den Formeln (38) bis (40) im allgemeinen Fall sehr umfangreich. Es liegt daher nahe, auf ein Verfahren zurückzugreifen, das in Sonderfällen (Symmetrie usw.) zwar meist länger ist als das obige, in allgemeinen Fällen dagegen etwas einfacher und vor allem schematischer zu sein verspricht, nämlich die Berechnung der schrittweisen Plastifizierung. Dabei erhebt sich die Frage, ob der durch Laststeigerung schließlich erreichte vollplastifizierte Zustand tatsächlich der ungünstigste ist oder ob es vielleicht eine andere elastische Restgruppe mit geringerer Sicherheit gibt. Wenn das der Fall wäre, könnte der entsprechende Zustand sicher nicht durch einfache Laststeigerung erreicht werden — sonst würde er ja bei der Laststeigerungsrechnung bemerkt werden — sondern nur durch entsprechenden Lastwechsel. Daher braucht man bei Lasten, die ihre Lage beibehalten, d. h. bei ruhender Last, auf diese Möglichkeit keine Rücksicht zu nehmen. Der Fall wechselnder Last verlangt ohnehin eine Sonderuntersuchung mit entsprechender Verminderung der Sicherheitszahl.

Wir beginnen nun die Untersuchung von neuem.

Gegeben ist:

>Die Matrix P der Pfahlanordnung.
>
>N_{max}, N_{min} in allen Pfählen gleich vorausgesetzt.
>
>$s = 1$ in allen Pfählen gleich vorausgesetzt.
>
>Die 6 Komponenten der Belastungsmatrix R.

Gesucht ist:

>Der Sicherheitsfaktor φ.

Mit steigender Last werden die Pfähle schrittweise plastisch. Nach der Reihenfolge ihrer Plastifizierung erhalten sie neue Nummern I, II, III, ... Zur Behandlung der elastischen Anfangsphase berechnen wir nach (16) und (18) die Einflußmatrix. Wegen $s = 1$ ist D die Einheitsmatrix und kann als Faktor weggelassen werden.

$$S = P\,P^T,$$
$$F = P^T\,S^{-1}. \tag{41}$$

In der elastischen Phase sind die Pfahlkräfte

$$N = \varphi\,F\,R. \tag{42}$$

Das ergibt in jeder Zeile φ mit einem Zahlenfaktor. Ist dieser Faktor positiv, so strebt die Pfahlkraft N_{max} an, bei negativem Faktor N_{min}. Der Pfahl, in dem bei zunehmendem φ die Grenze zuerst erreicht wird, ist der Pfahl I und man hat

$$\varphi_\mathrm{I} = \varphi_\mathrm{el}. \tag{43}$$

Wir betrachten nun das nach Wegnahme des Pfahles I verbleibende elastische Pfahlwerk. Alle hierauf bezüglichen Werte sollen durch den hochgestellten Index I gekennzeichnet werden. Man hätte für die $n - 1$ verbleibenden Pfähle von neuem zu berechnen

$$S^\mathrm{I} = P^\mathrm{I}(P^\mathrm{I})^T, \quad F^\mathrm{I} = P^\mathrm{I}(S^\mathrm{I})^{-1}.$$

Eine etwas einfachere Möglichkeit, bei der keine Matrizeninversion vorgenommen werden muß, besteht in der direkten Umrechnung von F auf F^I bzw. F^I auf F^II usw. nach den Formeln (44), welche wir gleich anschließend beweisen werden.

$$\left.\begin{aligned}
F^\mathrm{I} &= F\left[1 + \frac{p_\mathrm{I} f_\mathrm{I}}{1 - f_\mathrm{I} p_\mathrm{I}}\right],\\[2ex]
F^\mathrm{II} &= F^\mathrm{I}\left[1 + \frac{p_\mathrm{II} f_\mathrm{II}^\mathrm{I}}{1 - f_\mathrm{II}^\mathrm{I} p_\mathrm{II}}\right],\\[2ex]
F^\mathrm{III} &= F^\mathrm{II}\left[1 + \frac{p_\mathrm{III} f_\mathrm{III}^\mathrm{II}}{1 - f_\mathrm{III}^\mathrm{II} p_\mathrm{III}}\right] \quad \text{usw.}
\end{aligned}\right\} \tag{44}$$

Darin sind r_I, p_II, p_III die entsprechenden Spalten aus der Matrix P, f_I die Zeile I aus F, f_II^I die Zeile II aus F^I usw.

Zum Beweis von (44) zeigt Abb. 22a das vollständige Pfahlwerk mit den Kräften N_i, insbesondere N_I im wegzunehmenden Pfahl, Abb. 22b das um I reduzierte mit den unbekannten Kräften N_i^I. Man erhält sie durch Summierung zweier Lastfälle, wie die Abbildung zeigt:

$$N_i^I = N_i + N_i'.$$

Die Werte N_i' ergeben sich durch die aus Abb. 24c folgende Gleichung:

$$\frac{N_i'}{N_I} = N_i'' + \frac{N_i'\,N_I''}{N_I} \quad \text{oder} \quad N_i' = \frac{N_i''\,N_I}{1 - N_I''}.$$

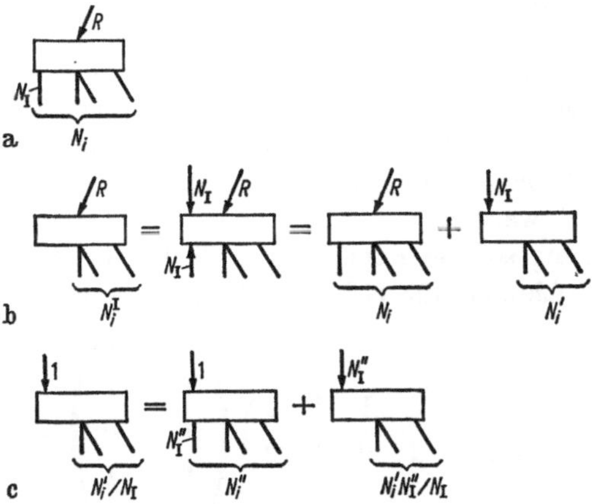

Abb. 22. Reduzierung um einen Pfahl

Die unbekannten Pfahlkräfte sind dann

$$N_i^I = N_i + \frac{N_i''\,N_I}{1 - N_I''}.$$

N_i^I, N_i, N_I entstehen durch die Belastung $\boldsymbol{R}$, sind also

$$N_i^I = f_i^I\,\boldsymbol{R}, \qquad N_i = f_i\,\boldsymbol{R}, \qquad N_I = f_I\,\boldsymbol{R}.$$

Die Belastung, die N_i'' und N_I'' erzeugt, besteht aus den Elementen der Spalte I der Matrix $\boldsymbol{P}$, also

$$N_i'' = f_i\,\boldsymbol{p}_I, \qquad N_I'' = f_I\,\boldsymbol{p}_I.$$

Unter Weglassung des gemeinsamen Faktors $\boldsymbol{R}$ führt das auf

$$f_i^I = f_i + \frac{f_i\,\boldsymbol{p}_I}{1 - f_I\,\boldsymbol{p}_I}\,f_I$$

und auf alle Zeilen angewendet zu den Formeln (44). Man muß übrigens in diesen Formeln bei jedem Plastifizierungsschritt eine Zeile der neuen Einflußmatrix weglassen: $\boldsymbol{F}$ enthält n Zeilen, $\boldsymbol{F}^I$ enthält $n - 1$ Zeilen usw.

Die Kräfte im Pfahlwerk, dessen Pfahl I plastifiziert ist, sind gleich jenen Kräften, welche im um I reduzierten Pfahlwerk entstehen, wenn als Belastung außer R auch die Kraft N_{pl} im Pfahl I wirkt. N_{pl} ist gleich $N_{\max}$ oder gleich $N_{\min}$, je nach dem Vorzeichen in der elastischen Rechnung.

$$N^{\mathrm{I}} = F^{\mathrm{I}}(\varphi\,R - N_{\mathrm{pl}}\,p_{\mathrm{I}})\,. \tag{45}$$

Das ergibt in jeder Zeile einen in φ linearen Ausdruck. Bei positivem Koeffizienten von φ strebt der N-Wert nach $N_{\max}$, bei negativen nach $N_{\min}$. Der Pfahl, in dem bei zunehmendem φ die Grenze zuerst erreicht wird, erhält die Nummer II. Nach Bestimmung von F^{II} hat man

$$N^{\mathrm{II}} = F^{\mathrm{II}}(\varphi\,R - N_{\mathrm{pl}}\,p_{\mathrm{I}} - N_{\mathrm{pl}}\,p_{\mathrm{II}})\,. \tag{46}$$

Man kann darin N_{pl} nicht ausklammern, da es gleich $N_{\max}$ oder gleich $N_{\min}$ sein kann. Man setzt das Verfahren fort, bis die letzte Reduzierung zur Degeneration führt. Der diesem Schritt entsprechende φ-Wert ist der Sicherheitsfaktor gegen Plastifizierung bei ruhender Last und soll mit φ_r bezeichnet werden.

Zur Erläuterung sei die Rechnung nach den Formeln (41) bis (46) am Beispiel der Abb. 20 für $R^T = (150\ \ 225)$ vorgeführt.

$$S = P\,P^T = \begin{pmatrix} 1 & 1 & 1 & 1 & 1 \\ -2 & -1 & 0 & 1 & 2 \end{pmatrix} \begin{pmatrix} 1 & -2 \\ 1 & -1 \\ 1 & 0 \\ 1 & 1 \\ 1 & 2 \end{pmatrix} = \begin{pmatrix} 5 & 0 \\ 0 & 10 \end{pmatrix},$$

$$S^{-1} = \begin{pmatrix} 0{,}2 & 0 \\ 0 & 0{,}1 \end{pmatrix},$$

$$F = P^T\,S^{-1} = \begin{pmatrix} 1 & -2 \\ 1 & -1 \\ 1 & 0 \\ 1 & 1 \\ 1 & 2 \end{pmatrix} \begin{pmatrix} 0{,}2 & 0 \\ 0 & 0{,}1 \end{pmatrix} = \begin{pmatrix} 0{,}2 & -0{,}2 \\ 0{,}2 & -0{,}1 \\ 0{,}2 & 0 \\ 0{,}2 & 0{,}1 \\ 0{,}2 & 0{,}2 \end{pmatrix},$$

$$N = \varphi\,F\,R = \varphi \begin{pmatrix} 0{,}2 & -0{,}2 \\ 0{,}2 & -0{,}1 \\ 0{,}2 & 0 \\ 0{,}2 & 0{,}1 \\ 0{,}2 & 0{,}2 \end{pmatrix} \begin{pmatrix} 150 \\ 225 \end{pmatrix}$$

$$= \begin{pmatrix} -15{,}0\,\varphi \\ 7{,}5\,\varphi \\ 30{,}0\,\varphi \\ 52{,}5\,\varphi \\ 75{,}0\,\varphi \end{pmatrix} \begin{matrix} = -50 & \text{für} & \varphi = 3{,}3, \\ = 100 & \text{für} & \varphi = 13{,}3, \\ = 100 & \text{für} & \varphi = 3{,}3, \\ = 100 & \text{für} & \varphi = 1{,}9, \\ = 100 & \text{für} & \varphi = 1{,}33. \end{matrix}$$

$$I = 5, \qquad \varphi_I = \varphi_{el} = 1{,}33,$$

$$\boldsymbol{p}_I \boldsymbol{f}_I = \boldsymbol{p}_5 \boldsymbol{f}_5 = \begin{pmatrix} 1 \\ 2 \end{pmatrix}(0{,}2 \quad 0{,}2) = \begin{pmatrix} 0{,}2 & 0{,}2 \\ 0{,}4 & 0{,}4 \end{pmatrix},$$

$$\frac{1}{1 - \boldsymbol{f}_I \boldsymbol{p}_I} = \frac{1}{1 - (0{,}2 \quad 0{,}2)\begin{pmatrix} 1 \\ 2 \end{pmatrix}} = 2{,}5,$$

$$\boldsymbol{F}^I = \begin{pmatrix} 0{,}2 & -0{,}2 \\ 0{,}2 & -0{,}1 \\ 0{,}2 & 0 \\ 0{,}2 & 0{,}1 \\ 0{,}2 & 0{,}2 \end{pmatrix}\left[1 + 2{,}5\begin{pmatrix} 0{,}2 & 0{,}2 \\ 0{,}4 & 0{,}4 \end{pmatrix}\right] = \begin{pmatrix} 0{,}1 & -0{,}3 \\ 0{,}2 & -0{,}1 \\ 0{,}3 & 0{,}1 \\ 0{,}4 & 0{,}3 \end{pmatrix}\begin{matrix} \text{Nr.} \\ 1 \\ 2 \\ 3 \\ 4 \end{matrix}$$

Die dem Pfahl I entsprechende Zeile von F^I ist unterdrückt worden.

$$\boldsymbol{N}^I = \begin{pmatrix} 0{,}1 & -0{,}3 \\ 0{,}2 & -0{,}1 \\ 0{,}3 & 0{,}1 \\ 0{,}4 & 0{,}3 \end{pmatrix}\left[\varphi\begin{pmatrix} 150 \\ 225 \end{pmatrix} - 100\begin{pmatrix} 1 \\ 2 \end{pmatrix}\right]$$

$$= \begin{pmatrix} -52{,}5\varphi + 50 \\ 7{,}5\varphi + 0 \\ 67{,}5\varphi - 50 \\ 127{,}5\varphi - 100 \end{pmatrix} \begin{matrix} = -50 \\ = 100 \\ = 100 \\ = 100 \end{matrix} \begin{matrix} \text{für} \\ \text{für} \\ \text{für} \\ \text{für} \end{matrix} \begin{matrix} \varphi = 1{,}9, \\ \varphi = 13{,}3, \\ \varphi = 2{,}22, \\ \varphi = 1{,}57, \end{matrix}$$

$II = 4$, $\varphi_{II} = 1{,}57$. Als Kontrolle stellt man fest, daß $N = N^I$ für $\varphi = 1{,}33$ ist, bis auf die in N^I fehlende Zeile 5. Durch analoge Rechnung findet man

$$\boldsymbol{F}^{II} = \begin{pmatrix} -0{,}167 & -0{,}5 \\ 0{,}333 & 0 \\ 0{,}833 & 0{,}5 \end{pmatrix}\begin{matrix} \text{Nr.} \\ 1 \\ 2 \\ 3 \end{matrix}$$

$$\boldsymbol{N}^{II} = \begin{pmatrix} -0{,}167 & -0{,}5 \\ 0{,}333 & 0 \\ 0{,}833 & 0{,}5 \end{pmatrix}\left[\varphi\begin{pmatrix} 150 \\ 225 \end{pmatrix} - 100\begin{pmatrix} 1 \\ 2 \end{pmatrix} - 100\begin{pmatrix} 1 \\ 1 \end{pmatrix}\right]$$

$$= \begin{pmatrix} -137{,}5\varphi + 183{,}3 \\ 50{,}0\varphi - 66{,}7 \\ 237{,}5\varphi - 316{,}7 \end{pmatrix} \begin{matrix} = -50 \\ = 100 \\ = 100 \end{matrix} \begin{matrix} \text{für} \\ \text{für} \\ \text{für} \end{matrix} \begin{matrix} \varphi = 1{,}70, & 1 \\ \varphi = 3{,}33, & 2 \\ \varphi = 1{,}75, & 3 \end{matrix}$$

III $= 1$, $\varphi_{\mathrm{III}} = 1{,}70$ (für $\varphi = 1{,}57$ ist wieder $N^{\mathrm{I}} = N^{\mathrm{II}}$). Durch analoge Rechnung

$$\text{Nr.}$$

$$F^{\mathrm{III}} = \begin{pmatrix} 0 & -1 \\ 1 & 1 \end{pmatrix} \begin{matrix} 2 \\ 3 \end{matrix}$$

$$N^{\mathrm{III}} = \begin{pmatrix} 0 & -1 \\ 1 & 1 \end{pmatrix} \left[\varphi \begin{pmatrix} 150 \\ 225 \end{pmatrix} - 100 \begin{pmatrix} 1 \\ 2 \end{pmatrix} - 100 \begin{pmatrix} 1 \\ 1 \end{pmatrix} - 50 \begin{pmatrix} 1 \\ -2 \end{pmatrix} \right]$$

$$\text{Nr.}$$

$$= \begin{pmatrix} -225\varphi & +400 \\ 375\varphi & -550 \end{pmatrix} = \begin{matrix} -50 \\ 100 \end{matrix} \quad \begin{matrix} \text{für} & \varphi = 2{,}0 & 2 \\ \text{für} & \underline{\varphi = 1{,}73} & 3 \end{matrix}$$

Für das „Pfahlwerk", aus dem für $\varphi = 1{,}733$ übrigbleibenden Pfahl 2 ist die gegebene Belastung unverträglich. Daher ist $\varphi = \varphi_r = 1{,}73$ der Sicherheitsfaktor für ruhende Last.

4. Lastwechsel bei plastischer Berechnung

Bei der plastischen Berechnung mit wechselnder Last ist besondere Vorsicht geboten. Es genügt nicht, die Grenzlast nur dadurch rechnerisch zu definieren, daß sie nach plastischem Fließen gerade im Gleichgewicht gehalten werden kann, sondern es muß auch gefordert werden, daß die Verformungen bei Lastwechsel rein elastisch sind. Wenn nämlich bei jedem Lastwechsel plastisches Fließen eintritt, würde der Boden aufgelockert werden und die Tragfähigkeit überhaupt abnehmen. Wenn außerdem beim Fließen unter $N_{\max}$ und $N_{\min}$ verschiedene Wege durchlaufen werden, kommt es zur „fortschreitenden plastischen Verschiebung" (in der englischen Fachliteratur „shake down" genannt).

Zur rechnerischen Berücksichtigung des Lastwechsels nehmen wir an, es seien $R_1, R_2, \ldots, R_m$ die zu berücksichtigenden Lastfälle. Beim Übergang von R_i zu R_k entstehen folgende elastische Pfahlkraftänderungen

$$\Delta N = F(R_k - R_i). \tag{47}$$

Durch Kombination aller möglichen Lastfallpaare erhält man verschiedene ΔN-Spalten, deren Anzahl bei m Lastfällen gleich $m(m-1)/2$ ist. Sucht man aus ihnen das absolut größte Element $|\Delta N|_{\max}$ aus, so erhält man ein vorläufiges Kriterium für den Sicherheitsfaktor bei wechselnder Last.

$$\varphi \leqq \frac{N_{\max} - N_{\min}}{|\Delta N|_{\max}} = \varphi_1. \tag{48}$$

Diese Formel besagt, daß der größtmögliche Pfahlkraftwechsel innerhalb der gegebenen Grenzen $N_{\max}$ und $N_{\min}$ Platz haben muß, wenn er elastisch sein soll.

Es muß noch geprüft werden, ob φ_1 nach (48) als Sicherheitsfaktor zulässig ist. Es seien $\boldsymbol{R}_i$ und $\boldsymbol{R}_k$ die beiden Lastfälle, die den Wert $|\varDelta N|_{\max}$ liefern. Man nimmt einen dieser Lastfälle als ruhende, aber in ihrer Intensität steigende Last an und berechnet die schrittweise Plastifizierung bis zur letzten Phase, bei der nur noch ein Schritt zur vollen Plastifizierung fehlen. Summiert man zu den Kräften dieser Phase die Werte $\varphi \varDelta N$ mit $\varDelta N$ nach (47), so werden die Pfahlkräfte in φ lineare Ausdrücke. Der φ-Wert, bei dem die N-Werte gerade noch innerhalb der elastischen Grenzen bleiben, wird als Sicherheitsfaktor angesehen.

In manchen Fällen könnte es vielleicht vorkommen, daß der höchstmögliche Sicherheitsfaktor erst durch Untersuchung mehrerer Lastzyklen erhalten wird. Der dazu nötige Rechenaufwand ist aber angesichts des verfolgten Zweckes nicht angebracht. Selbst wenn dieser Fall eintreten sollte, bliebe der nach obigem Schema bestimmte φ-Wert jedenfalls auf der sicheren Seite.

Im Beispiel der Abb. 20 mit $\boldsymbol{R}_1^T = (150\ \ 225)$, $\boldsymbol{R}_2^T = (150\ \ -225)$ hätte man

$$\varphi \varDelta N = \begin{pmatrix} 90\,\varphi \\ 45\,\varphi \\ 0 \\ -45\,\varphi \\ -90\,\varphi \end{pmatrix}, \quad N^{\mathrm{III}} = \begin{pmatrix} -\ 50 & \\ -225\,\varphi & +\,400 \\ 375\,\varphi & -\,550 \\ 100 & \\ 100 & \end{pmatrix},$$

$$\varphi_1 = 150/90 = 1{,}667\,.$$

In N^{III} sind die schon ermittelten Grenzwerte $N_1 = -50$, $N_4 = N_5 = 100$ nachgetragen worden. Die Summierung ergibt:

$$N^{\mathrm{III}} + \varphi \varDelta N = \begin{pmatrix} 90\,\varphi & -\ 50 \\ -180\,\varphi & +\,400 \\ 375\,\varphi & -\,550 \\ -\ 45\,\varphi & +\,100 \\ -\ 90\,\varphi & +\,100 \end{pmatrix} \begin{array}{l} =\ 100 \quad \text{für} \quad \varphi = 1{,}667, \\ = -50 \quad \text{für} \quad \varphi = 2{,}500, \\ =\ 100 \quad \text{für} \quad \varphi = 1{,}733, \\ = -50 \quad \text{für} \quad \varphi = 3{,}333, \\ = -50 \quad \text{für} \quad \varphi = 1{,}667. \end{array}$$

Daraus folgt, daß $\varphi_r = 1{,}733$ bei veränderlicher Last unzulässig, dagegen $\varphi = \varphi_1 = 1{,}667$ zulässig ist.

Die Erhöhung des elastisch verrechneten Sicherheitsfaktors von 1,333 auf 1,667 (25 %) darf auch hier nicht zu einer Überbewertung der plastischen Rechnung führen. Das behandelte Pfahlwerk stellt nämlich auch für wechselnde Last einen *schlechten* Entwurf dar. Zur Aufnahme der gegebenen Last

$$\boldsymbol{R}^T = (150 \pm 225)$$

wäre es z. B. zweckmäßig, den mittleren Pfahl (Nr. 3) wegzulassen und die restlichen auf die äußeren Reihen zu verteilen (in Punkt 1 und 5 der Abb. 20 je zwei Pfähle). Dann erhielte man bei 20% Ersparnis an Pfählen ein Pfahlwerk, das — elastisch oder plastisch gerechnet — dieselbe Sicherheit (1,667) bieten würde. Es scheint ganz allgemein so zu sein, daß die plastische Berechnung bei guten Entwürfen praktisch kaum etwas einbringt. Aus diesem Grund sei auch davon abgesehen, die plastische Berechnung für eingespannte Pfähle zu untersuchen.

Bemerkung: Bekanntlich können beim Entwurf von Rahmentragwerken durch plastische Berechnung spürbare Ersparnisse erzielt werden. Dieser Unterschied gegenüber Pfahlwerken kommt daher, daß der Rahmenentwurf von architektonischen und konstruktiven Gegebenheiten abhängt, während beim Pfahlwerksentwurf nur statische Gesichtspunkte mitspielen. Der Rahmen ist sozusagen vom statischen Standpunkt immer ein „schlechter" Entwurf, dessen Arbeitsweise durch plastisches Fließen verbessert werden kann.

III. Eingespannte Pfähle

1. Pfahlsteifigkeiten

Bei der Berechnung von Pfahlwerken, deren Pfählen am Boden und am Block als gelenkig angeschlossen vorausgesetzt werden, ist das elastische Verhalten des Pfahles durch nur eine Kennziffer, nämlich die Längssteifigkeit s (Mp/m) bestimmt. Bei eingespannten Pfählen benötigt man mehrere Steifigkeitsparameter, welche von den elastischen Eigenschaften des Pfahles und von der Zusammendrückbarkeit des umgebenen Bodens abhängen.

Die Längssteifigkeit s ist definitionsgemäß die Kraft, die in Richtung der Pfahlachse wirken muß, damit der Pfahlkopf eine Einheitsverschiebung in Richtung der Pfahlachse ausführt. Versucht man, in entsprechender Weise die Quersteifigkeit zu definieren, so stellt man zunächst fest, daß eine Kraft in der Richtung quer zur Pfahlachse nicht nur eine Verschiebung, sondern auch eine Verdrehung des Pfahlkopfes bewirkt, wie Abb. 23a zeigt. Man müßte ein entsprechendes, in der Abbildung

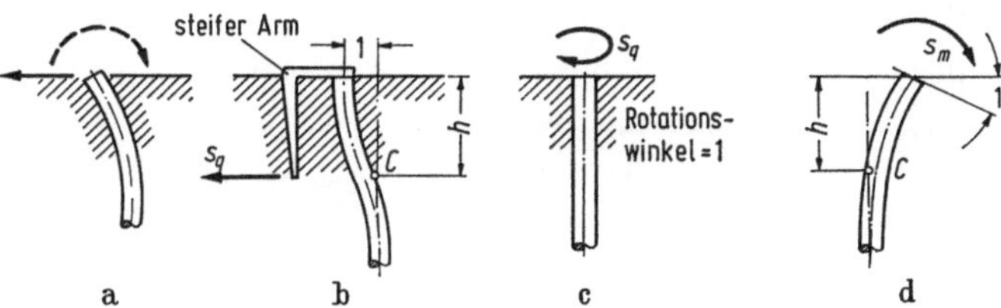

Abb. 23. Definition der Steifigkeitswerte

gestrichelt angedeutetes rückdrehendes Moment anbringen, damit sich der Pfahlkopf nur verschiebt und nicht dreht. Statt dessen kann man auch sagen, die Querkraft müßte in einer gewissen Tiefe h mit Hilfe eines steifen Armes am Pfahlkopf angreifen, wie Abb. 23b zeigt. Zur Definition der Quersteifigkeit gehört also die Angabe des Wertes h und der Kraft s_q (Mp/m), welche die Einheitsquerverschiebung bewirkt. Den Punkt C in der Tiefe h kann man elastischen Mittelpunkt des Pfahles nennen. Wenn der Pfahl einen nicht kreissymmetrischen Querschnitt hat, kann es nötig sein, diese Werte für zwei zueinander senkrechte Querrichtungen anzugeben.

Bei der Definition der Torsionssteifigkeit s_t und der Biegesteifigkeit s_m treten keine besonderen Schwierigkeiten auf. Diese Werte stellen diejenigen Momente dar, welche die Einheitsverdrehung des Kopfes bewirken und zwar um die Pfahlachse, bzw. um eine waagerechte Achse, die wegen des Maxwellschen Reziprozitätssatzes durch den elastischen Mittelpunkt C geht (s. Abb. 23). Gegebenenfalls kann es nötig sein, zwei verschiedene Werte s_{m1}, s_{m2} für zwei Richtungen der Verdrehungsachsen anzunehmen. Die Einheit von s_t und s_m ist Mpm (Moment dividiert durch den dimensionslosen Verdrehungswinkel im Bogenmaß).

So lange es sich nur um die Berechnung der Pfahlbeanspruchung handelt, kommt es allein auf die *Verhältnisse* der Steifigkeitswerte an. Für diese Verhältnisse können gewisse ungefähre Grenzen angegeben werden, zwischen denen die Werte praktisch meist liegen, und zwar — unter Verwendung des Pfahldurchmessers d —

$$d < h \quad < 5d,$$
$$0 < s_q/s \quad < 0{,}2,$$
$$0 < s_m/s < 0{,}5d^2,$$
$$0 < s_t/s \quad < 0{,}2d^2.$$

Das gilt für voll im Boden eingebettete Pfähle.

Die Bestimmung dieser Werte mit den Hilfsmitteln der Bodenmechanik können wir hier nicht besprechen. Am sichersten ist es, sich durch Probebelastungen mit Messung der Verschiebungen Kenntnis von den Steifigkeitswerten zu verschaffen. Man könnte beispielsweise

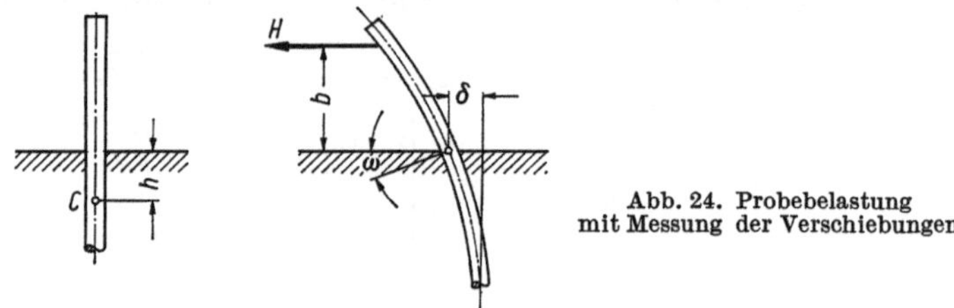

Abb. 24. Probebelastung
mit Messung der Verschiebungen

den aus dem Boden herausragenden Pfahl nach Abb. 24 belasten und die Verschiebung δ und die Drehung ω messen. Mit den Parametern s_q, s_m, h ergäbe sich

$$\omega = \frac{H(b+h)}{s_m}, \quad \delta = \frac{H}{s_q} + h\,\omega. \tag{49}$$

Durch Wiederholung des Versuches mit anderen Werten der Höhe b erhielte man genügend derartige Gleichungen, um die unbekannten Werte s_q, s_m, h durch Ausgleichsrechnung zu bestimmen. Durch weitere Versuche mit Längsbelastung N und Torsionsbelastung M_d dividiert durch die gemessene Verschiebung, bzw. Verdrehung könnte man die restlichen Parameter s und s_t erhalten.

Wenn man den gebogenen Pfahl als Balken auf elastischer Unterlage auffaßt, lassen sich die Parameter h, s_q, s_m in Funktion einer

Bodenkonstanten K ausdrücken, welche die Beziehung zwischen der seitlichen Verschiebung w eines Pfahlelements und der auf die Längeneinheit des Pfahles wirkenden seitlichen Bodenbelastung b angibt:

$$p = K w.$$

Für den im Boden völlig eingebetteten Pfahl (ohne Freilänge) ergibt die Theorie des Balkens auf elastischer Unterlage

$$L = \sqrt[4]{\frac{4 E I}{K}}, \quad h = \frac{L}{2}, \quad s_q = \frac{2 E I}{L^3}, \quad s_m = \frac{E I}{L},$$

worin E der Elastizitätsmodul des Pfahlmaterials und I das Trägheitsmoment des Pfahlquerschnittes ist. Diese Theorie gibt aber keine Aus-

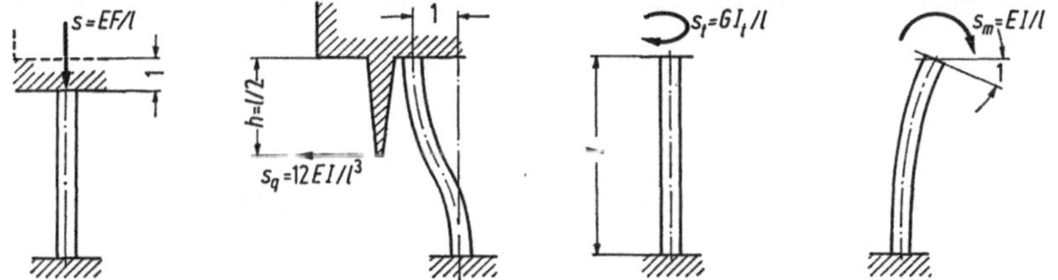

Abb. 25. Steifigkeitswerte im Sonderfall starrer Einspannung

kunft über die Werte s und s_t. Obige Formeln setzen übrigens eine unendliche Pfahllänge voraus, sie sind aber schon genügend genau, wenn der Pfahl länger als $1{,}5 L$ ist.

Im Sonderfall der Pfähle mit Freilänge, die als starr im Boden eingespannt angesehen werden können, lassen sich alle Steifigkeitswerte vorausberechnen und man erhält die in Abb. 25 angegebenen Werte.

Für den Fall, daß die Einspannung im Boden nicht als starr angesehen werden kann, setzen wir die Steifigkeitswerte für den Pfahlquerschnitt an der Bodenoberfläche als bekannt voraus: h_0, s_0, s_{q0}, s_{t0}, s_{m0}. Gesucht sind die Steifigkeitswerte h, s, s_q, s_t, s_m für den Pfahlkopf, der um die Freilänge l höher liegt als die Bodenoberfläche. Man findet die gesuchten Werte durch Berechnung der Verformungen eines elastisch eingespannten Stabes und erhält folgende Umrechnungsformeln:

$$\left.\begin{aligned}
h &= \frac{l}{2} \, \frac{1 + 2(l + h_0)\, E I / l^2\, s_{m0}}{1 + E I / l\, s_{m0}}, \\[4pt]
\frac{1}{s} &= \frac{1}{s_0} + \frac{l}{E F}, \\[4pt]
\frac{1}{s_q} &= \frac{1}{s_{q0}} + \frac{(l + h_0)^2}{s_{m0}} + \frac{l^3}{3 E I} - \frac{h^2}{s_m}, \\[4pt]
\frac{1}{s_t} &= \frac{1}{s_{t0}} + \frac{l}{G I_t}, \\[4pt]
\frac{1}{s_m} &= \frac{1}{s_{m0}} + \frac{l}{E I}.
\end{aligned}\right\} \tag{50}$$

Wenn die Quersteifigkeiten EF, EI, EG klein gegenüber den Anfangs-
steifigkeiten s_0, s_{q0}, s_{t0}, s_{m0} sind, gehen diese Formeln in jene für starre
Einspannung über, wie sie in Abb. 25 angegeben sind.

Wir betrachten nun nach Abb. 26 ein Pfahlwerk, das nur aus *einem*
(senkrechten) Pfahl i besteht, dessen Steifigkeitswerte s, $s_{q1} = s_{q2}$,
s_t, $s_{m1} = s_{m2}$ und h gegeben sind. Gesucht ist die Steifigkeitsmatrix $\boldsymbol{S}_i$,
welche die Beziehung zwischen Blockbelastung $\boldsymbol{R}_i$ und Blockverschiebung $\boldsymbol{V}_i$ regelt:

$$\boldsymbol{R}_i = \boldsymbol{S}_i \boldsymbol{V}_i. \tag{51}$$

Je nach Wahl des Koordinatensystems ergeben sich natürlich andere
$\boldsymbol{S}_i$-Elemente und für den elastischen Mittelpunkt des Pfahles als Ur-

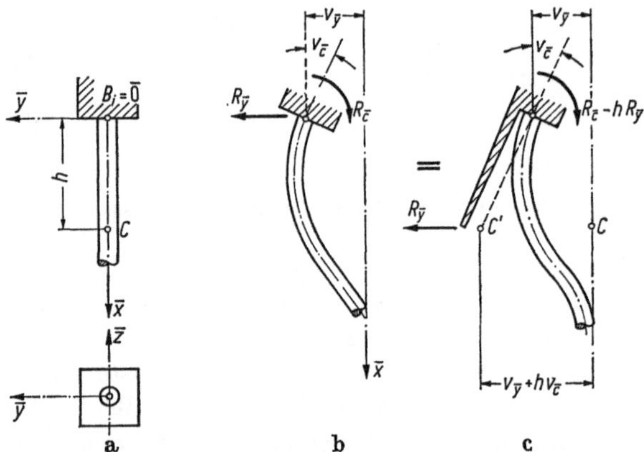

Abb. 26. Herleitung der individuellen Steifigkeitsmatrix

sprung mit der Pfahlachse als x-Achse erhielte man die einfachste
Form, nämlich eine Diagonalmatrix mit den Steifigkeitswerten auf der
Hauptdiagonale. Aus Gründen der Übersichtlichkeit in der späteren
Herleitung wählen wir aber das Koordinatensystem $\bar{x}/\bar{y}/\bar{z}$ nach Abb. 26
mit dem Ursprung $\bar{0} = B_i$ im Pfahlkopf. Die hierfür geltende Steifig-
keitsmatrix schreiben wir zunächst an und prüfen sie dann nach:

$$
\boldsymbol{S}_i = \begin{pmatrix}
s & 0 & 0 & 0 & 0 & 0 \\
0 & s_q & 0 & 0 & 0 & h\,s_q \\
0 & 0 & s_q & 0 & -h\,s_q & 0 \\
0 & 0 & 0 & s_t & 0 & 0 \\
0 & 0 & -h\,s_q & 0 & s_m + h^2\,s_q & 0 \\
0 & h\,s_q & 0 & 0 & 0 & s_m + h^2\,s_q
\end{pmatrix}. \tag{52}
$$

Die Matrizenmultiplikation $S_i\,V_i$ liefert:

$$R_{\bar{x}} = s\,v_{\bar{x}},$$

$$R_{\bar{y}} = s_q\,v_{\bar{y}} + h\,s_q\,v_{\bar{c}},$$

$$R_{\bar{z}} = s_q\,v_{\bar{z}} - h\,s_q\,v_{\bar{c}},$$

$$R_{\bar{a}} = s_t\,v_{\bar{a}},$$

$$R_{\bar{b}} = h\,s_q\,v_{\bar{z}} + (s_m + h^2\,s_q)\,v_{\bar{b}},$$

$$R_{\bar{c}} = h\,s_q\,v_{\bar{y}} + (s_m + h^2\,s_q)\,v_{\bar{c}}.$$

Die Richtigkeit von $R_{\bar{x}}$ und $R_{\bar{a}}$ ist evident und braucht nicht diskutiert zu werden. Zur Nachprüfung von $R_{\bar{y}}$ und $R_{\bar{c}}$ zeigt Abb. 26b den Pfahl mit der aus $R_{\bar{y}}$ und $R_{\bar{c}}$ bestehenden Belastung. In Abb. 26c ist dieselbe Belastung aufgeteilt in die am steifen Arm in der Tiefe h angreifende Kraft $R_{\bar{y}}$ und das entsprechende Moment am Pfahlkopf. Diese Kraft verschiebt den Punkt C um $v_{\bar{y}} + h\,v_{\bar{c}}$, ohne daß der Winkel $v_{\bar{c}}$ davon beeinflußt wird. Demnach ist

$$R_{\bar{y}} = s_q(v_{\bar{y}} + h\,v_{\bar{c}}),$$

$$R_{\bar{c}} - h\,R_{\bar{y}} = s_m\,v_{\bar{c}},$$

womit sich obiges Ergebnis bestätigt. Auf dieselbe Weise werden $R_{\bar{z}}$ und $R_{\bar{b}}$ nachgeprüft (das dabei auftauchende negative Vorzeichen rührt von der Definition der positiven Drehrichtung der Momente R_a, R_b, R_c her, welche durch die zyklische Aufeinanderfolge der Achsen gegeben ist, d. h. ein positives R_a dreht von der y- zur z-Achse usw.).

Beim betrachteten Pfahlwerk mit nur einem Pfahl sind die Lastkomponenten nichts anderes als die Schnittkräfte am Pfahlkopf, und zwar

$$R_{\bar{x}} = N \qquad = \text{Normalkraft},$$

$$\left.\begin{array}{l} R_{\bar{y}} = Q_1 \\ R_{\bar{z}} = Q_2 \end{array}\right\} = \text{Querkräfte},$$

$$R_{\bar{a}} = M_t \quad = \text{Torsionsmoment},$$

$$\left.\begin{array}{l} R_{\bar{b}} = M_1 \\ R_{\bar{c}} = M_2 \end{array}\right\} = \text{Biegemomente}.$$

2. Berechnung der Schnittkräfte in eingespannten Pfählen

Wir betrachten weiterhin ein Pfahlwerk mit nur einem Pfahl i, aber in beliebiger Lage in bezug auf das Koordinatensystem x, y, z. In den Pfahlkopf B_i legen wir den Ursprung $\bar{0}$ eines individuellen Koordinatensystems $\bar{x}$, $\bar{y}$, $\bar{z}$, dessen $\bar{x}$-Achse mit der Pfahlachse zusammenfällt. Im individuellen System definieren wir die Schnittkraftmatrix wie oben erklärt:

$$\boldsymbol{R}_i^T = (N, Q_1, Q_2, M_t, M_1, M_2)_i. \tag{53}$$

Die individuellen Koordinatenachsen ordnen wir so an wie Abb. 29 zeigt und legen in sie 3 Einheitsvektoren $\boldsymbol{p}_i$, $\boldsymbol{q}_i$, $\boldsymbol{r}_i$. Die Achsen $\bar{y}$ und $\bar{z}$ könnten um die Pfahlachse $\bar{x}$ beliebig verdreht angenommen werden und die Lage nach Abb. 27 mit zur y/z-Ebene paralleler $\bar{z}$-Achse ist nur gewählt worden, um irgendeine einheitliche Festsetzung zu treffen.

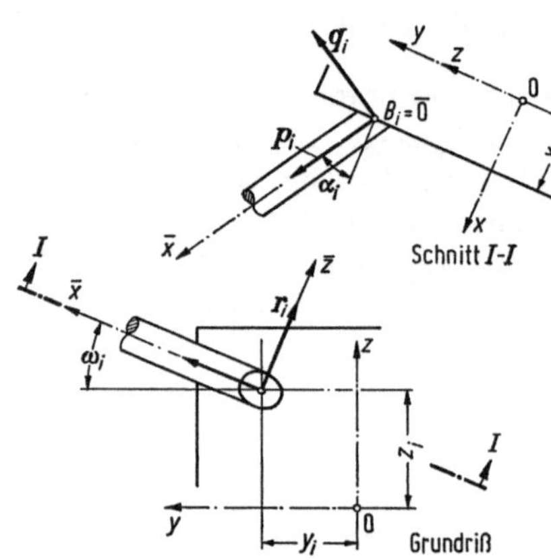

Abb. 27. Individuelle Achsen $\bar{x}$, $\bar{y}$, $\bar{z}$

Im Sonderfall senkrechter Pfähle versagt die Festsetzung und wir wählen dann $\bar{y}$ und $\bar{z}$ parallel zur y- und z-Achse, oder anders gesagt, bei $\alpha = 0$ nehmen wir $\omega = 0$ an.

Für die drei Einheitsvektoren bestimmen wir die Komponenten in Richtung der gemeinsamen Achsen x, y, z und ihre Momente in bezug auf diese Achsen.

$$p_{x\,i} = \cos\alpha_i,$$
$$p_{y\,i} = \sin\alpha_i \cos\omega_i,$$
$$p_{z\,i} = \sin\alpha_i \sin\omega_i,$$

$$(p_a\ p_b\ p_c)_i = (p_x\ p_y\ p_z)_i \begin{pmatrix} 0 & z & -y \\ -z & 0 & x \\ y & -x & 0 \end{pmatrix}_i,$$

$$q_{x\,i} = -\sin\alpha_i,$$
$$q_{y\,i} = \cos\alpha_i \cos\omega_i,$$
$$q_{z\,i} = \cos\alpha_i \sin\omega_i,$$

$$(q_a\ q_b\ q_c)_i = (q_x\ q_y\ q_z)_i \begin{pmatrix} 0 & z & -y \\ -z & 0 & x \\ y & -x & 0 \end{pmatrix}_i,$$

$$r_{x\,i} = 0,$$
$$r_{y\,i} = -\sin\omega_i,$$
$$r_{z\,i} = \cos\omega_i,$$

$$(r_a\ r_b\ r_c)_i = (r_x\ r_y\ r_z)_i \begin{pmatrix} 0 & z & -y \\ -z & 0 & x \\ y & -x & 0 \end{pmatrix}_i.$$

Die obigen Werte setzen wir zur *Transformationsmatrix* des Pfahles i zusammen:

$$T_i = \begin{pmatrix} p_x & q_x & r_y & 0 & 0 & 0 \\ p_y & q_y & r_y & 0 & 0 & 0 \\ p_z & q_z & r_z & 0 & 0 & 0 \\ p_a & q_a & r_a & p_x & q_x & r_x \\ p_b & q_b & r_b & p_y & q_y & r_y \\ p_c & q_c & r_c & p_z & q_z & r_z \end{pmatrix}_i . \tag{54}$$

Sie dient zur Umrechnung von Verschiebungs- bzw. Lastkomponenten aus dem gemeinsamen ins individuelle Koordinatensystem bzw. umgekehrt, und zwar nach folgenden Formeln

$$\begin{aligned} R &= T_i R_i, \\ V_i &= T_i^T V. \end{aligned} \tag{55}$$

Die Richtigkeit der ersten Formel (55) folgt aus der Definition der 3 Einheitsvektoren auf den Achsen $\bar{x}$, $\bar{y}$, $\bar{z}$ und ihrer Komponenten im $x/y/z$-System. Die Ausführung des Matrizenproduktes liefert z. B. als erstes und viertes Element von R

$$R_x = R_{\bar{x}} p_x + R_{\bar{y}} q_x + R_{\bar{z}} r_x,$$

$$R_a = R_{\bar{x}} p_a + R_{\bar{y}} q_a + R_{\bar{z}} r_a + R_{\bar{a}} p_x + R_{\bar{b}} q_x + R_{\bar{c}} r_x.$$

$R_i^T = (N \; Q_1 \; Q_2 \; M_t \; M_1 \; M_2)_i$ ist hierin so geschrieben worden, daß die Art der Umrechnung leichter erkennbar wird, nämlich $R_i^T = (R_{\bar{x}} \; R_{\bar{y}} \; R_{\bar{z}} \; R_{\bar{a}} \; R_{\bar{b}} \; R_{\bar{c}})$.

Um die zweite Formel (55) nachzuprüfen, berechnen wir das erste Element von V_i:

$$v_{\bar{x}} = v_x p_x + v_y p_y + v_z p_z + v_a p_a + v_b p_b + v_c p_c.$$

Durch Vergleich mit (10) stellt man fest, daß $v_{\bar{x}}$ tatsächlich die Verschiebungskomponente des Punktes B_i in Richtung der Pfahlachse ist; entsprechendes gilt für $v_{\bar{y}} v_{\bar{z}}$. Die Berechnung der letzten drei V_i-Elemente ergibt

$$v_{\bar{a}} = v_a p_x + v_b p_y + v_c p_z$$

und entsprechende Ausdrücke für $v_{\bar{b}}$ und $v_{\bar{c}}$. Wie man sieht, handelt es sich dabei um nichts weiter als die Umrechnung der Komponenten des dreidimensionalen Drehungsvektors $(v_a \, v_b \, v_c)$ in $(v_{\bar{a}} \, v_{\bar{b}} \, v_{\bar{c}})$ mit Hilfe der Richtungskosinus $p_x \, p_y \, p_z$.

Zur Transformation im umgekehrten Sinn, nämlich Verschiebungen vom $\bar{0}$- ins 0-System, Lasten vom 0- ins $\bar{0}$-System wäre die reziproke Transformationsmatrix erforderlich, welche dadurch entsteht, daß die Matrizenviertel für sich transponiert werden. Wir benötigen sie zwar nicht, sie sei jedoch vollständigkeitshalber angeschrieben:

$$T_i^{-1} = \begin{pmatrix} p_x & p_y & p_z & 0 & 0 & 0 \\ q_x & q_y & q_z & 0 & 0 & 0 \\ r_x & r_y & r_z & 0 & 0 & 0 \\ p_a & p_b & p_c & p_x & p_y & p_z \\ q_a & q_b & q_c & q_x & q_y & q_z \\ r_a & r_b & r_c & r_x & r_y & r_z \end{pmatrix}_i . \tag{56}$$

Interessehalber sei angemerkt, daß die Transformationen nach (54), (55) und (56) auch in der allgemeinen Pfahlwerksberechnung angewendet werden können, z. B. um eine schon begonnene Rechnung in einem günstiger liegenden Koordinatensystem fortzusetzen.

Es sei nun ein Pfahlwerk mit n eingespannten Pfählen gegeben, d. h. man kennt die Koordinaten x_i, y_i, z_i der Pfahlköpfe, die Winkel α_i, ω_i und die Steifigkeitswerte $(s, s_q, s_t, s_m, h)_i$. Gegeben ist außerdem die Belastung R, gesucht ist zunächst die Steifigkeitsmatrix S, welche die Beziehung zwischen Last und Verschiebung des Blockes regelt:

$$R = S\,V.$$

Die in den Pfählen herrschenden Schnittkräfte stehen mit der Belastung im Gleichgewicht. Daher muß die Summe der Schnittkraftmatrizen, entsprechend (55) ins gemeinsame System transformiert, gleich der Belastung sein.

$$R = \sum_1^n T_i\,R_i .$$

Setzt man nach (51) $R_i = S_i\,V_i$ und transformiert nach (55) $V_i = T_i^T\,V$, so erhält man

$$R = \left(\sum_1^n T_i\,S_i\,T_i^T \right) V,$$

denn der gemeinsame Faktor V kann ausgeklammert werden. Damit ist der Ausdruck für die Steifigkeitsmatrix des Pfahlwerks gefunden.

$$S = \sum_1^n T_i\,S_i\,T_i^T . \tag{57}$$

Die Blockverschiebungen sind

$$V = S^{-1}\,R.$$

Damit erhält man aus (51) und (55) die Schnittkraftmatrizen, die durch eine Belastung R hervorgerufen werden

$$R_i = S_i\,T_i^T\,S^{-1}\,R. \tag{58}$$

Man kann auch hier wie bei gelenkigen Pfählen den von der Last unabhängigen Teil absondern und Einflußmatrix F_i nennen:

$$F_i = S_i\,T_i^T\,S^{-1}, \qquad R_i = F_i\,R. \tag{59}$$

Bei gelenkigen Pfählen entsprach jedem Pfahl eine Zeile der gesamten Einflußmatrix; hier hat jeder Pfahl seine eigene Einflußmatrix von 6 × 6 Elementen.

3. Anwendungsbeispiel

Die systematische Anwendung des Rechenverfahrens ist wegen des Umfanges der Zahlenrechnung nur bei automatischer programmierter Berechnung zu empfehlen. Es sei daher hier zum besseren Verständnis

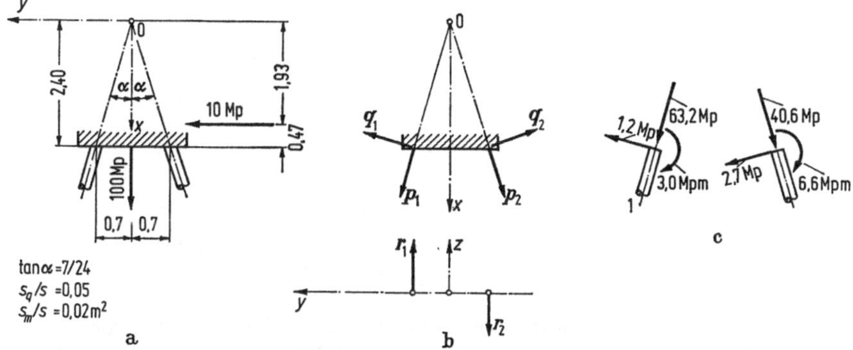

Abb. 28. Pfahlwerk mit eingespannten Pfählen

der Formeln nur das einfache Beispiel nach Abb. 28 behandelt. Dieses Beispiel soll den erheblichen Einfluß des Seitenwiderstandes zeigen. Das Ergebnis hängt in sehr empfindlicher Weise von dem Wert s_q/s ab und zwar ist diese Empfindlichkeit um so größer, je näher dieser Wert an 0 ist.

Da es sich bei Abb. 28 um ein ebenes Problem handelt, kommen in der Berechnung nur die „Richtungen" x, y, c vor, bis auf den Wert r_z der in der Transformationsmatrix gebraucht wird.

Pfahl	x [m]	y [m]	$\alpha°$	$\omega°$	s	s_q	s_m	h [m]
1	2,4	0,7	16,26	0	1	0,05	0,02	2,5
2	2,4	−0,7	16,26	180	1	0,05	0,02	2,5

$$R_x = 100 \text{ Mp},$$
$$R_y = 10 \text{ Mp},$$
$$R_c = 10 \cdot 1,93 = 19,3 \text{ Mpm},$$
$$h\, s_q = 2,5 \cdot 0,05 = 0,125,$$
$$s_m + h^2 s_q = 0,02 + 2,5^2 \cdot 0,05 = 3,145,$$

$$S_1 = S_2 = \begin{pmatrix} 1 & 0 & 0 \\ 0 & 0,05 & 0,125 \\ 0 & 0,125 & 3,145 \end{pmatrix} \begin{matrix} x \\ y \\ c \end{matrix}$$

Pfahl	p_x	p_y	p_c	q_x	q_y	q_c	r_z
1	0,96	0,28	0	−0,28	0,96	2,5	1
2	0,96	−0,28	0	−0,28	−0,96	−2,5	−1

$$\left.\begin{array}{c} T_1 \\ T_2 \end{array}\right\} = \begin{pmatrix} 0,96 & -0,28 & 0 \\ \pm 0,28 & \pm 0,96 & 0 \\ 0 & \pm 2,5 & \pm 1 \end{pmatrix},$$

$$S = T_1 \, S_1 \, T_1^T + T_2 \, S_2 \, T_2^T = \begin{pmatrix} 1,851 & 0 & 0 \\ 0 & 0,249 & 0,480 \\ 0 & 0,480 & 2,54 \end{pmatrix},$$

$$R = S\,V$$

oder

$$\left.\begin{array}{rl} 100 & = 1,851\, v_x \\ 10 & = 0,249\, v_y + 0,480\, v_c \\ 19,3 & = 0,480\, v_y + 2,54\, v_c \end{array}\right\} \quad V = \begin{pmatrix} v_x \\ v_y \\ v_c \end{pmatrix} = \begin{pmatrix} 54,0 \\ 40,2 \\ 0 \end{pmatrix}.$$

Das Ergebnis $v_c = 0$ erlaubt den Schluß, daß die Angriffslinie der
Horizontalkraft durch den elastischen Mittelpunkt geht. Die Höhe
dieses Punktes über der Blockbasis hat sich also infolge der Pfahl-
einspannung von 2,40 m auf 0,47 m verringert. Die Schnittkraftmatrizen
sind:

$$R_1 = S_1 \, T_1^T \, V, \quad R_2 = S_2 \, T_2^T \, V.$$

Das ergibt

$$R_1 = \begin{pmatrix} N \\ Q \\ M \end{pmatrix}_1 = \begin{pmatrix} 63,2 \\ 1,2 \\ 3,0 \end{pmatrix}, \quad R_2 = \begin{pmatrix} 40,6 \\ -2,7 \\ -6,6 \end{pmatrix} \begin{array}{l} \text{Mp,} \\ \text{Mp,} \\ \text{Mpm.} \end{array}$$

In Abb. 28c sind diese Schnittkräfte veranschaulicht. Bezüglich des
positiven Wirkungssinnes der Schnittkräfte ist zu bemerken, daß durch
die Annahme der Lage der Vektoren p und r dieser Sinn festgelegt ist.
Es wäre beispielsweise auch möglich gewesen, beim Pfahl 2 statt von
$\alpha = 16{,}26°$, $\omega = 180°$ von den Werten $\alpha = -16{,}26°$, $\omega = 0$ auszugehen.
Dann hätte für Q_2 und M_2 die umgekehrte Vorzeichenfestsetzung ge-
golten und es hätte sich $Q_2 = +2{,}7$ Mp, $M_2 = +6{,}6$ Mpm ergeben.

IV. Stabilität der Pfahlwerke

1. Allgemeines

Da die Pfähle schlanke, auf Druck belastete Stäbe sind, erhebt
sich die Frage nach der elastischen Stabilität. Bei völlig im Boden
eingebetteten Pfählen besteht niemals Knickgefahr, da auch bei einem
sehr weichen Boden die seitliche Abstützung durch ihn genügt, um das
Ausknicken zu verhindern. Es kommen aber manchmal, z. B. bei Brückenpfeilern Pfahlwerke vor, deren Pfähle eine beträchtliche Freilänge
zwischen Block und Boden haben.

Um die Art des hier vorliegenden Stabilitätsproblems zu erkennen,
nehmen wir vorläufig an, das Verhalten der Einzelpfähle sei genau
bekannt; sie seien z. B. elastische, im Block und im Boden eingespannte
Stäbe. Trotzdem ist es nicht möglich, die Knicksicherheit ohne weiteres
auszurechnen, denn die Lagerungsbedingungen des Pfahlkopfes können
in sehr weiten Grenzen schwanken. Der Pfahl 1 in Abb. 29a knickt z. B.
so aus wie ein Stab mit freiem Ende, die Pfähle 2 wie Stäbe mit parallel
geführten Enden und der Pfahl 3 wie ein beiderseits fest eingespannter

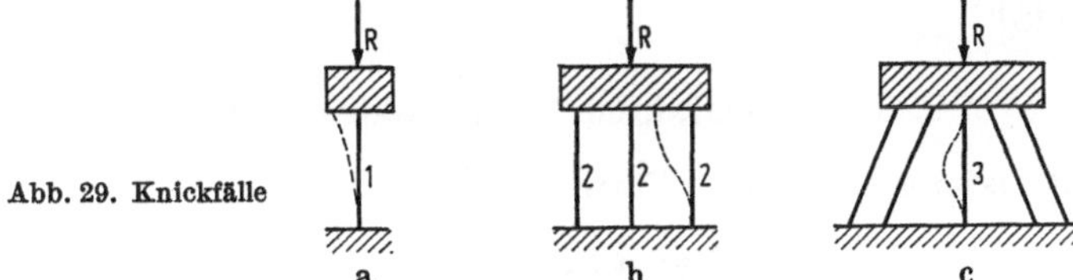

Abb. 29. Knickfälle

Stab. Die Knicklasten nach EULER der Pfähle 1 bis 3 würden dementsprechend im Verhältnis 1:16 variieren. Je nach dem Grad der
Behinderung der Blockverschiebung durch die Nachbarpfähle sind alle
Zwischenwerte ebenfalls möglich.

Wir werden im folgenden ein Berechnungsverfahren für gelenkige
Pfähle aufstellen. Damit gewinnt man einen unteren Grenzwert für
die kritische Last R_k, der mehr oder weniger weit auf der sicheren Seite
liegt, denn durch die Einspannwirkung wird die Knicksicherheit jedenfalls erhöht. Im Falle der Abb. 29a und b wäre bei gelenkigen Pfählen
die Knicklast Null. Es empfiehlt sich natürlich in solchen einfachen
Fällen die Knicklast nach den üblichen Formeln der Festigkeitslehre
abzuschätzen.

Hinsichtlich der Lage der Belastung sei darauf hingewiesen, daß vom praktischen Standpunkt aus in der Stabilitätsuntersuchung vor allem die Belastungen interessieren, die längs der Hauptsteifigkeitsachse erfolgen. Bei anderer Belastungsrichtung wird die Gefährlichkeit des Lastfalles schon durch die große Blockverschiebung angezeigt, welche sich bei der üblichen Berechnung ergibt. Es herrschen ähnliche

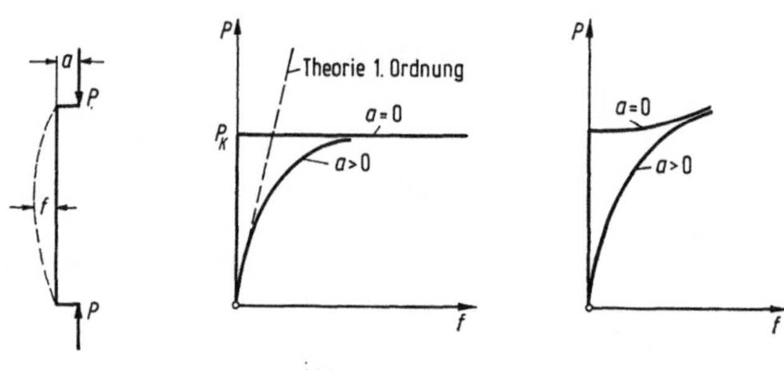

Abb. 30. Druckstab

Verhältnisse wie beim zentrisch oder exzentrisch belasteten Druckstab nach Abb. 30. Wenn der Hebelarm $a = 0$ ist, bleibt der Pfeil f der Biegelinie Null, bis der kritische Wert erreicht ist und wird dann beliebig. Bei $a > 0$ hat das P/f-Diagramm $P = P_k$ als Asymptote, d. h. der bei zentrischer Last berechnete Wert P_k bleibt weiterhin obere Grenze für die Belastung (s. Abb. 30b bzw. 30c nach der genaueren Knickberechnung).

2. Rechenverfahren für gelenkige Pfähle

Die Belastung sei in der Form

$$\boldsymbol{R} = R\,\boldsymbol{r},$$

$$\boldsymbol{r}^T = (r_x\,r_y\,r_z\,r_y\,r_b\,r_c) \tag{60}$$

gegeben. Die Kraft $R(r_x\,r_y\,r_z)$ greife am Punkt B_R des Blockes an, dessen Koordinaten x_R, y_R, z_R ebenfalls gegeben sein müssen. Beim Stabilitätsproblem ist der Angriffspunkt der belastenden Kraft wesentlich, während bei der bisherigen Pfahlkraftberechnung alle am starren Block angreifenden Kräfte beliebig in ihrer Wirkungslinie verschoben gedacht werden konnten.

Läßt man den Faktor R der Belastung von Null beginnend wachsen, so durchlaufe das Pfahlwerk zunächst stabile Gleichgewichtszustände. Gesucht ist der kritische Wert R_k bei dem das Gleichgewicht indifferent wird. Dabei wird angenommen, daß bis zum Erreichen von R_k kein Pfahl ausknickt.

Um die Rechnung nicht allzu kompliziert zu gestalten, müssen wir noch eine vereinfachende Annahme machen, die bei Stabilitätsuntersuchungen üblich ist. Die Verschiebungen bis zum Erreichen von R_k seien vernachlässigt. Die Pfahlparameter p_x usw. seien also mit der schon verschobenen Lage des Blockes berechnet worden. Der Fehler, der durch diese Annahme entsteht, ist zwar größer als beispielsweise beim einfachen Knickstab, aber er liegt meist auf der sicheren Seite. Gegebenenfalls kann man die Berechnung nach Bestimmung von R_k und der zugehörigen Verschiebung mit neuen Parametern wiederholen.

Hinsichtlich der Belastung nehmen wir an, daß sie aus einer Einzelkraft besteht, deren Angriffspunkt die Blockverschiebungen mitmacht, ohne daß die Kraft ihre Richtung ändert.

Zum Ausgangspunkt nehmen wir die Gl. (7)

$$\boldsymbol{R} = R\,\boldsymbol{r} = \boldsymbol{P}\,\boldsymbol{N},$$

die das Gleichgewicht zwischen der Belastung und den Pfahlkräften ausdrückt. Wenn das Gleichgewicht *indifferent* ist, muß es einen unendlich benachbarten Verschiebungszustand geben, bei dem ebenfalls Gleichgewicht möglich ist. Beim Übergang zum benachbarten Verschiebungszustand ändert sich $\boldsymbol{r}$ um $\delta\boldsymbol{r}$, $\boldsymbol{N}$ umd $\delta\boldsymbol{N}$, $\boldsymbol{P}$ um $\delta\boldsymbol{P}$ und das Gleichgewicht verlangt

$$R(\boldsymbol{r} + \delta\boldsymbol{r}) = (\boldsymbol{P} + \delta\boldsymbol{P})\,(\boldsymbol{N} + \delta\boldsymbol{N})$$

oder mit Unterdrückung des Produktes der Variationen

$$R\,\delta\boldsymbol{r} = \boldsymbol{P}\,\delta\boldsymbol{N} + \delta\boldsymbol{P}\,\boldsymbol{N}. \tag{61}$$

Zur Vereinfachung der Schreibweise bezeichnen wir die Variationen der Verschiebungsgrößen v mit δ, versehen mit dem entsprechenden Index, also

$$\delta v_x = \delta_x, \qquad \delta v_y = \delta_y \ldots \delta v_c = \delta_c$$

und ihre Spaltenmatrix mit $\varDelta$

$$\delta\boldsymbol{V} = \varDelta. \tag{61a}$$

Die in (61) vorkommenden Variationen können alle als lineare Funktionen der $\varDelta$-Komponenten dargestellt werden. Wir beginnen mit $\delta\boldsymbol{P}$ bzw. der dem Pfahl i entsprechenden Spalte $\delta\boldsymbol{p}_i$. Man muß bei der Bestimmung der Variationen die Veränderung der Lage der Pfähle berücksichtigen. Täte man das nicht, so käme bei der Berechnung nichts anderes heraus als die Bestätigung des Gleichgewichtes zwischen der Last und den Pfahlkräften. Abb. 31 zeigt den am Block befestigten Pfahlkopf B_i mit den Koordina-

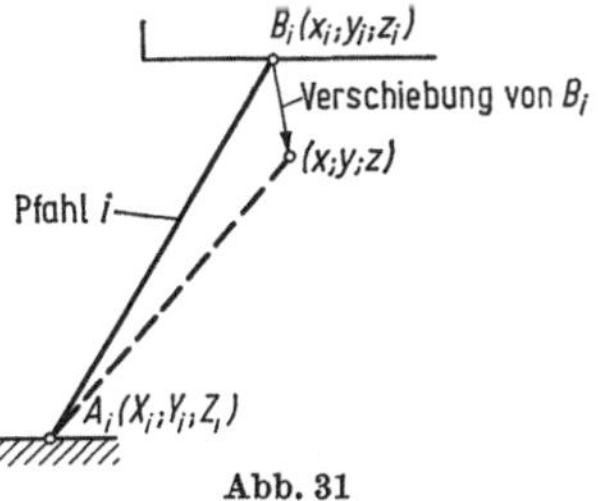

Abb. 31
Variation der Pfahlparameter

ten x_i, y_i, z_i und den Pfahlfuß A_i mit den Koordinaten X_i, Y_i, Z_i. Die Länge des Pfahles und seine Parameter sind:

$$\left.\begin{aligned}
l_i &= \sqrt{(X_i - x_i)^2 + (Y_i + y_i)^2 + (Z_i - z_i)^2}, \\
p_{xi} &= \frac{X_i - x_i}{l_i}, \qquad p_{ai} = \frac{y_i Z_i - z_i X_i}{l_i}, \\
p_{yi} &= \frac{Y_i - y_i}{l_i}, \qquad p_{bi} = \frac{z_i X_i - x_i Z_i}{l_i}, \\
p_{zi} &= \frac{Z_i - z_i}{l_i}, \qquad p_{ci} = \frac{x_i Y_i - y_i X_i}{l_i}.
\end{aligned}\right\} \tag{62}$$

Der Pfahlkopf habe nach der Verschiebung die Koordinaten x, y, z; dann erhält man die neue Länge und die neuen Parameter, indem man in (62) statt x_i, y_i, z_i die Werte x, y, z schreibt, während X_i, Y_i, Z_i konstant bleiben. Den Einfluß der Verschiebungen bestimmt man durch Bildung der Ableitungen, wobei sich an der Stelle $x = x_i$, $y = y_i$, $z = z_i$ folgende Werte ergeben:

$$\frac{\partial l_i}{\partial x} = -p_{xi}, \qquad \frac{\partial l_i}{\partial y} = -p_{yi}, \qquad \frac{\partial l_i}{\partial z} = -p_{zi},$$

$$\frac{\partial p_{xi}}{\partial x} = \frac{p_{xi}^2 - 1}{l_i}, \qquad \frac{\partial p_{xi}}{\partial y} = \frac{p_{xi} p_{yi}}{l_i},$$

oder allgemein

$$\left.\begin{aligned}
\frac{\partial p_g}{\partial g} &= \frac{p_g^2 - 1}{l} \\
\frac{\partial p_g}{\partial h} &= \frac{p_g p_h}{l}
\end{aligned}\right\} \quad \text{mit} \quad g, h = x, y, z.$$

Die durch den Variationsverschiebungszustand $\varDelta$ erreichten neuen Koordinaten des Punktes B_i sind:

$$\left.\begin{aligned}
x &= x_i + \delta_x && + z_i\,\delta_b - y_i\,\delta_c, \\
y &= y_i + \delta_y - z_i\,\delta_a && + x_i\,\delta_c, \\
z &= z_i + \delta_z + y_i\,\delta_a - x_i\,\delta_b.
\end{aligned}\right\} \tag{63}$$

Da die Parameter in (62) durch Einsetzen von x, y, z als Funktionen von x, y, z erscheinen, lassen sich ihre Änderungen als totale Differentiale angeben, z. B.

$$d p_{ci} = \frac{\partial p_{ci}}{\partial \delta_x}\,\delta_x + \frac{\partial p_{ci}}{\partial \delta_y}\,\delta_y + \cdots + \frac{\partial p_{ci}}{\partial \delta_c}\,\delta_c.$$

Dabei hat man nach (63) z. B.

$$\frac{\partial p_{ci}}{\partial \delta_x} = \frac{\partial p_{ci}}{\partial x}\frac{\partial x}{\partial \delta_x} + \frac{\partial p_{ci}}{\partial y}\frac{\partial y}{\partial \delta_x} + \frac{\partial p_{ci}}{\partial z}\frac{\partial z}{\partial \delta_x} = \frac{p_{ci}}{\partial x},$$

$$\frac{\partial p_{ci}}{\partial \delta_a} = \frac{\partial p_{ci}}{\partial x}\frac{\partial x}{\partial \delta_a} + \frac{\partial p_{ci}}{\partial y}\frac{\partial y}{\partial \delta_a} + \frac{\partial p_{ci}}{\partial z}\frac{\partial z}{\partial \delta_a} = -z\,\frac{\partial p_{ci}}{\partial y} + y\,\frac{\partial p_{ci}}{\partial z}.$$

Die durch die Variationsverschiebung bewirkte Änderung der Matrix p_i erhält man dann in Form eines Matrizenproduktes. Die Elemente der Variationsmatrix W_i ergeben sich durch Ausführung der oben erklärten Ableitungen.

$$\delta p_i = W_i \, \Delta$$

mit

$$W_i = \frac{1}{l_i} \left(\begin{array}{cccccc}
p_x^2 - 1 & p_x\,p_y & p_x\,p_z & p_x\,p_a & p_x\,p_b - z & p_x\,p_c + y \\
p_y\,p_x & p_y^2 - 1 & p_y\,p_z & p_y\,p_a + z & p_y\,p_b & p_y\,p_c - x \\
p_z\,p_x & p_z\,p_y & p_z^2 - 1 & p_z\,p_a - y & p_z\,p_b + x & p_z\,p_c \\
p_a\,p_x & p_a\,p_y + Z & p_a\,p_z - Y & p_a^2 - y\,Y - z\,Z & p_a\,p_b + x\,Y & p_a\,p_c + x\,Z \\
p_b\,p_x - Z & p_b\,p_y & p_b\,p_z + X & p_b\,p_a + y\,X & p_b^2 - z\,Z - x\,X & p_b\,p_c + y\,Z \\
p_c\,p_x + Y & p_c\,p_y - X & p_c\,p_z & p_c\,p_a + z\,X & p_c\,p_b + z\,Y & p_c^2 - x\,X - y\,Y
\end{array} \right)_i . \tag{64}$$

Die Matrix W_r, die die Variation der Lastmatrix liefert, können wir als Sonderfall von W_i erhalten. Die als „richtungstreu" vorausgesetzte belastende Kraft wird als ein Pfahl von unendlicher Länge interpretiert. Man setzt in (64)

$$X = x + l\,p_x,$$

$$Y = y + l\,p_y,$$

$$Z = z + l\,p_z$$

und annulliert alle Beiträge, die l im Nenner haben. Mit $p_x = r_x$, $p_y = r_y$, $p_z = r_z$ und den Koordinaten x_R, y_R, z_R des Angriffspunktes erhält man

$$\delta r = W_r \, \Delta$$

mit

$$W_r = \left(\begin{array}{cccccc}
0 & 0 & 0 & 0 & 0 & 0 \\
0 & 0 & 0 & 0 & 0 & 0 \\
0 & 0 & 0 & 0 & 0 & 0 \\
0 & r_z & -r_y & -y_R\,r_y - z_R\,r_z & x_R\,r_y & x_R\,r_z \\
-r_z & 0 & r_x & y_R\,r_x & -z_R\,r_z - x_R\,r_x & y_R\,r_z \\
r_y & -r_x & 0 & z_R\,r_x & z_R\,r_y & -x_R\,r_x - y_R\,r_y
\end{array} \right) .$$

$$\tag{65}$$

Es fehlt noch die Variation der Pfahlkräfte. Nach (15) ist

$$\boldsymbol{N} = \boldsymbol{P}^T \boldsymbol{N},$$

$$\delta \boldsymbol{N} = \delta \boldsymbol{P}^T \boldsymbol{V} + \boldsymbol{P}^T \delta \boldsymbol{V} = \boldsymbol{P}^T \boldsymbol{\Delta}, \tag{66}$$

denn voraussetzungsgemäß soll die Verschiebung bis zum Erreichen von R_k vernachlässigt werden ($\boldsymbol{V} = 0$) und für $\delta \boldsymbol{V}$ ist die Bezeichnung $\boldsymbol{\Delta}$ eingeführt worden.

Die gefundenen Ausdrücke setzen wir in das Stabilitätskriterium (61) ein. Die linke Seite ist nach (65)

$$\boldsymbol{R}\, \delta \boldsymbol{r} = \boldsymbol{R}\, \boldsymbol{W}_r\, \boldsymbol{\Delta},$$

und das erste Glied der rechten Seite nach (66)

$$\boldsymbol{P}\, \delta \boldsymbol{N} = \boldsymbol{P}\, \boldsymbol{P}^T \boldsymbol{\Delta} = \boldsymbol{S}\, \boldsymbol{\Delta}.$$

Beim zweiten Glied der rechten Seite von (61) muß man beachten, daß (64) nicht die Variation der Matrix $\boldsymbol{P}$ liefert, sondern nur die ihrer einzelnen Spalten. Man kann dann schreiben

$$\delta \boldsymbol{P}\, \boldsymbol{N} = \sum_1^n N_i\, \boldsymbol{W}_i\, \boldsymbol{\Delta}.$$

Das Kriterium für indifferentes Gleichgewicht ist somit

$$\boldsymbol{R}\, \boldsymbol{W}_r\, \boldsymbol{\Delta} = \boldsymbol{S}\, \boldsymbol{\Delta} + \left(\sum_1^n N_i\, \boldsymbol{W}_i \right) \boldsymbol{\Delta}. \tag{67}$$

Im allgemeinen Fall stellt (67) ein System von 6 in den $\boldsymbol{\Delta}$-Elementen homogenen Gleichungen dar, dessen Determinante verschwinden muß. Das führt auf eine Gleichung 6. Grades für R, deren (absolut) kleinste Lösung die gesuchte kritische Last R_k ist.

Bei der praktischen Anwendung ist es wichtig, die Pfahlsteifigkeit vorsichtig einzuschätzen, da zu große s-Werte eine zu große Stabilität vortäuschen würden. Keinesfalls darf man einfach den aus der elastischen Zusammendrückbarkeit des Pfahles folgenden Wert nehmen, sondern muß auch die Nachgiebigkeit des Bodens am Pfahlfuß in Rechnung stellen.

Auf Grund des Aufbaues von (67) liegt es nahe, die Stabilität für eingespannte Pfähle näherungsweise nach derselben Gleichung zu untersuchen und dabei einfach für $\boldsymbol{S}$ die Matrix zu nehmen, die sich im Falle eingespannter Pfähle ergibt. Bei diesem Austausch der Matrix $\boldsymbol{S}$ werden ihre Elemente größer und das müßte schließlich auf einen größeren Wert von R_k führen, wie es beim Ersatz von gelenkigen durch eingespannte Pfähle zu erwarten ist. Zweifelhaft bleibt dabei, welche *Pfahllängen* in die Rechnung einzuführen sind. Wie aus (64) ersichtlich, beeinflussen diese Längen das Ergebnis sehr wesentlich und es ist bei der Näherung für eingespannte Pfähle empfehlenswert, diese Längen reichlich zu schätzen, um mit dem Ergebnis auf der sicheren Seite zu bleiben. Man könnte z. B. etwa 4 bis 6d (d = Pfahldurchmesser) zur Freilänge zwischen Block und Boden hinzuzählen.

3. Einfaches Anwendungsbeispiel

Die Berechnung der Stabilität an einem Beispiel aus der Praxis im einzelnen vorzuführen, ist viel zu umständlich. Wir wählen daher ein ganz einfaches Erläuterungsbeispiel, das natürlich mit elementaren Rechenverfahren viel leichter zu behandeln wäre als mit der hier entwickelten Theorie.

Gesucht sei die kritische Last R_k des Systems nach Abb. 32 unter der Annahme, daß die Stäbe 1 und 2 bis zum Erreichen von R_k nicht

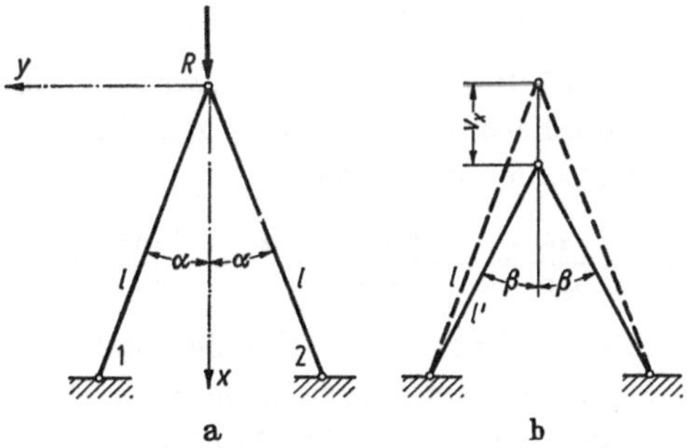

Abb. 32. Anwendungsbeispiel

einzeln ausknicken. Die Untersuchung erstreckt sich nur auf die beiden Koordinaten x und y. Die Belastung ist $R\,\boldsymbol{r}$ mit

$$\boldsymbol{r} = \begin{pmatrix} 1 \\ 0 \end{pmatrix}.$$

Weiterhin haben wir

$$N_1 = N_2 = \frac{R}{2\cos\alpha}, \qquad \boldsymbol{P} = \begin{pmatrix} \cos\alpha & \cos\alpha \\ \sin\alpha & -\sin\alpha \end{pmatrix} \begin{matrix} p_x \\ p_y \end{matrix},$$

$$\boldsymbol{S}\,\boldsymbol{\varDelta} = s \begin{pmatrix} 2\cos^2\alpha & 0 \\ 0 & 2\sin^2\alpha \end{pmatrix} \begin{pmatrix} \delta_x \\ \delta_y \end{pmatrix}.$$

Nach (64) und (65) sind die Variationsmatrizen

$$\boldsymbol{W}_r = \begin{pmatrix} 0 & 0 \\ 0 & 0 \end{pmatrix}, \quad \begin{matrix} \boldsymbol{W}_1 \\ \boldsymbol{W}_2 \end{matrix} \Big\} = \frac{1}{l} \begin{pmatrix} -\sin^2\alpha & \pm\sin\alpha\cos\alpha \\ \pm\sin\alpha\cos\alpha & -\cos^2\alpha \end{pmatrix},$$

$$(N_1 \boldsymbol{W}_1 + N_2 \boldsymbol{W}_2)\,\boldsymbol{\varDelta} = \frac{R}{l} \begin{pmatrix} -\dfrac{\sin^2\alpha}{\cos\alpha} & 0 \\ 0 & -\cos\alpha \end{pmatrix} \begin{pmatrix} \delta_x \\ \delta_y \end{pmatrix}.$$

Beim Einsetzen ins Kriterium (67) kommt man auf 2 Gleichungen von denen die eine nur δ_x, die andere nur δ_y enthält, was die Rechnung vereinfacht:

$$0 = \left(2s\cos^2\alpha - \frac{R}{l}\,\frac{\sin^2\alpha}{\cos\alpha}\right)\delta_x,$$

$$0 = \left(2s\sin^2\alpha - \frac{R}{l}\cos\alpha\right)\delta_y$$

für $\alpha > 45°$ ist die Lösung der ersten Gleichung kleiner, für $\alpha < 45°$ die der zweiten. Bei großen Winkeln mit δ_x als Knickbewegung liegt das sog. Durchschlagproblem vor. Hier interessiert nur der Fall kleinerer Winkel, bei denen der Stabilitätsverlust durch seitliches Ausweichen δ_y eintritt. Aus der zweiten Gleichung folgt

$$R_k = 2s\,l\sin\alpha\,\tan\alpha. \tag{68}$$

Den vernachlässigten Einfluß der Anfangsverschiebung könnte man durch schrittweise Annäherung berücksichtigen, indem man die durch R_k hervorgerufene Verschiebung berechnet:

$$v_x = \frac{R}{S_{xx}} = \frac{2s\,l\sin\alpha\,\tan\alpha}{2s\cos^2\alpha} = \frac{\tan^2\alpha}{\cos\alpha}\,l.$$

Mit den zur verschobenen Lage nach Abb. 34b gehörigen Werten l', β (statt l, α) erhielte man aus (68) einen genaueren Wert der kritischen Last. Infolge der Einfachheit des Problems kann man statt der schrittweisen Annäherung auch die endgültigen Werte l', β und den genauen Wert R_k direkt berechnen, und zwar

$$l' = l\,\frac{\sin\alpha}{\sin\beta}, \qquad N = s\,\Delta l = s\left(1 - \frac{\sin\alpha}{\sin\beta}\right).$$

Setzt man nun den aus dem Gleichgewicht mit den N-Kräften folgenden R-Wert dem Wert nach (68) gleich

$$R = 2N\cos\beta = 2s\,l'\sin\beta\,\tan\beta,$$

so resultiert daraus die kubische Gleichung

$$\sin^3\beta - \sin\beta + \sin\alpha = 0,$$

deren Lösung, in (68) eingesetzt, die Knicklast liefert.

$$R_k = 2s\,l'\sin\beta\,\tan\beta = 2s\,l\sin\alpha\,\tan\beta.$$

Für $\alpha = 15°$ hätte man beispielsweise nach (68)

$$R_k = 0{,}139\,s\,l.$$

Die kubische Gleichung liefert (durch Probieren) $\beta = 16{,}3°$ und der genaue Wert ist

$$R_k = 2s\,l\sin 15°\,\tan 16{,}3° = 0{,}150\,s\,l.$$

V. Programmierte Pfahlwerksberechnung

In den vorangegangenen Kapiteln sind die theoretischen Grundlagen der Pfahlwerkstatik dargelegt und die einzelnen Rechengänge an Hand von Beispielen aufgezeigt worden. Wie leicht ersichtlich, erfordert das Durchrechnen eines allgemeinen Pfahlwerks verhältnismäßig viel Zeit- und Arbeitsaufwand. Für routinemäßige Berechnung ist es daher wünschenswert, die Arbeit einer Rechenanlage zu überlassen.

Um dem Leser die Mühe der Programmierung zu sparen, werden im vorliegenden Kapitel Rechenprogramme in ALGOL 60 angegeben, welche auf einer Anlage TR 4 mehrfach erprobt worden sind.

Es wird darauf verzichtet, die Programme in Einzelheiten zu erläutern, da dies dem allgemeinen Interesse wenig entsprechen und den Rahmen dieses Buches sprengen würde. An Hand der in den vorangegangenen Kapiteln angeführten Formeln und der unten gegebenen ausführlichen Anleitungen zum Aufstellen von Eingabedaten dürfte es jedoch einem mit ALGOL vertrauten Leser nicht schwer sein, den Aufbau der Programme näher zu kennen.

Hauptbestandteile der Programmierarbeit sind hier die mit den Nummern 1 bis 3 gekennzeichneten Programme (S. 74—81). Vor der Übersetzung derselben durch den Compiler soll die Prozedur LINDE (S. 81) und im Fall des Programms Nr. 3 zusätzlich die Prozedur QR 1 (S. 82) übersetzt und in die Bibliothek des Betriebssystems eingetragen werden, damit diese als Code-Prozeduren herangezogen werden können. In den abgedruckten Protokollen ist aus Platzgründen davon abgesehen, die einzelnen Anweisungen auf eigene Zeilen zu schreiben; die Darstellung der Symbole auf Lochkarten entspricht der DIN 66006[1]. Für die Eingabe wird die ALCOR-Prozedur READ verwendet; für die Ausgabe werden OUTPUT und OUTLIST benutzt, welche von KNUTH et al. in einer Veröffentlichung [Comm. ACM 7 (1964) 273—283] empfohlen worden sind.

Zunächst sei kurz auf die beiden Prozeduren eingegangen, die vorübersetzt werden müssen. Die Prozedur LINDE löst ein lineares al-

---

[1] Aus drucktechnischen Gründen wurden auf S. 74 bis S. 88 folgende Änderungen vorgenommen:

(1) Die ALGOL-Symbole [ ] werden durch ⟨ ⟩ dargestellt.

(2) Die ALGOL-Symbole : und ; werden verwendet.

(3) In den Ergebnissen der Testbeispiele sind die Formate in der Breite verkleinert und das Symbol $_{10}$ durch E dargestellt.

gebraisches Gleichungssystem der Form

$$A\,X = B$$

auf, wobei A eine $n \times n$-Matrix und B eine $n \times m$-Matrix ist. Verwendet wird die allgemein bekannte Gaußsche Elimination mit vollständiger Pivotsuche. Die Prozedur QR 1 berechnet die Eigenwerte einer reellen Matrix mit der sog. QR-Transformation. (Siehe Literaturangabe am Anfang der Prozedur.)

Das Programm Nr. 1 berechnet die Pfahlkräfte und die Verschiebungen von Pfahlwerken mit gelenkigen oder eingespannten Pfählen. Die Eingangdaten werden in drei Teilen gegliedert. Der erste Teil lautet:

SN Systemnummer,
I 1 für eingespanntes, 0 für gelenkiges Pfahlwerk,
ZP Anzahl der Pfähle,
LF Anzahl der Lastfälle,
DF 1 wenn die Blockverschiebungen verlangt werden, sonst 0,
J 1 wenn Kontrolle durch Berechnung der Last aus den Pfahl-
      kräften verlangt wird, sonst 0,
K 1 wenn alle Pfähle die gleiche Steifigkeit haben, sonst 0,
KK 1 wenn die Steifigkeitsmatrix ausgedruckt werden soll, sonst 0.

Zweckmäßig werden Zahlen des ersten Teils in einer Zeile, d. h. auf einer Lochkarte untergebracht, wobei die Reihenfolge selbstverständlich einzuhalten ist.

Die Daten des folgenden zweiten Teils werden in zwei verschiedenen Formen — für Pfahlwerke mit gelenkigen bzw. mit eingespannten Pfählen — getrennt aufgestellt. Bei Pfahlwerken mit gelenkigen Pfählen hat man ZP Zeilen von je 6 Zahlen zu schreiben:

$s, x, y, z, \alpha, \omega,$ Steifigkeit, Koordinaten des Pfahlkopfes,
                Winkel $\alpha,\;\omega$ des 1. Pfahls
$\cdots\cdots\cdots$ usw.
$\cdots\cdots\cdots$

Im Fall der Pfahlwerke mit eingespannten Pfählen schreibt man zunächst ebenfalls ZP Zeilen von je 6 Zahlen:

$h, x, y, z, \alpha, \omega,$ wie vor, jedoch den Parameter h an Stelle
                von s
$\cdots\cdots\cdots$
$\cdots\cdots\cdots$

Hierauf folgen, falls nicht alle Pfähle die gleiche Steifigkeit haben ($K = 0$), nochmals ZP Zeilen von je 6 Zahlen:

$s, s_{q1}, s_{q2}, s_t, s_{m1}, s_{m2},$ Steifigkeitswerte des 1. Pfahls
$\cdots\cdots\cdots\cdots$ usw.
$\cdots\cdots\cdots\cdots$

Im Fall gleicher Steifigkeit aller Pfähle ($K = 1$) ist jedoch lediglich eine einzige Zeile hiervon zu schreiben.

Der dritte Teil besteht aus Angabe der *LF* Lastfälle:

$R_x, R_y, R_z, R_a, R_b, R_c,$ Lastfall 1

. . . .   usw.

. . . .

Beispiel 1 (S. 85) zeigt die Eingabedaten und das Rechenergebnis eines Pfahlwerks mit gelenkigen Pfählen (Abb. 33). Beispiel 2 (S. 86)

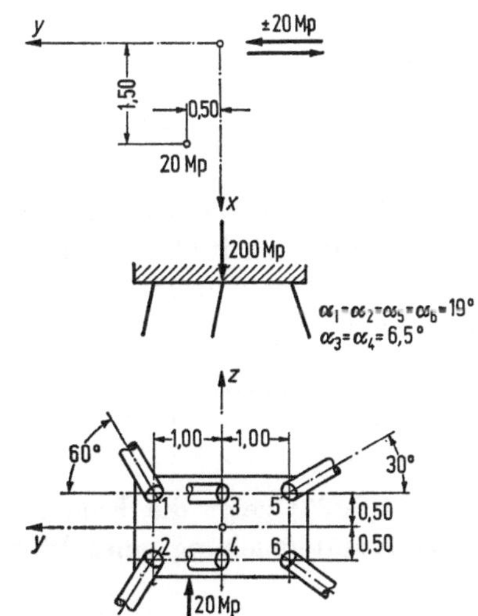

Abb. 33. Beispiel 1 und 2 der programmierten Berechnung

zeigt das Entsprechende für ein Pfahlwerk mit der gleichen Pfahlanordnung aber mit eingespannten Pfählen.

Das Programm Nr. 2 berechnet den Sicherheitsfaktor von gelenkigen Pfahlwerken unter ruhenden oder wechselnden Belastungen mit Berücksichtigung von Teilplastifizierung. Die Eingabedaten werden in vier Teile gegliedert. Der erste Teil lautet:

SN   Systemnummer,

ZP   Anzahl der Pfähle,

LF   Anzahl der Lastfälle,

K   1, wenn alle Pfähle die gleiche Tragfähigkeit haben, sonst 0,

DRU   1, wenn nur φ-Wert für ruhende Belastungen gesucht,
3, wenn nur φ-Wert für wechselnde Belastungen gesucht,
2, wenn beide φ-Werte gesucht,

DB   1, wenn bei der Berechnung von φ für ruhende Belastungen die Pfahlkräfte im Endzustand ausgedruckt werden sollen, sonst 0,

DM   1, wenn bei der Berechnung von φ für ruhende Belastungen nur das Ergebnis des maßgebenden Lastfalls gedruckt werden soll, sonst 0,

DE   1, wenn für Vergleichszwecke der elastische Sicherheitsfaktor berechnet werden soll, sonst 0.

Der zweite Teil ist derselbe wie für das Programm Nr. 1:

$s, x, y, z, \alpha, \omega,$ Steifigkeit, Koordinaten des Pfahlkopfs, Winkel α, ω des 1. Pfahls,
. . . .   usw.
. . . .

Im dritten Teil hat man ZP Zeilen:

$N_{\max}, N_{\min},$ Tragfähigkeit des 1. Pfahls für Druck bzw. Zug
. . . .   usw.
. . . .

falls nicht alle Pfähle die gleiche Tragfähigkeit haben ($K = 0$). Im Fall gleicher Tragfähigkeit ($K = 1$) ist hiervon nur eine Zeile anzugeben.

Der vierte Teil ist derselbe wie der dritte Teil der Daten für das Programm Nr. 1:

$R_x, R_y, R_z, R_a, R_b, R_c,$ Lastfall 1
. . . .   usw.
. . . .

Beispiel 3 (S. 87) zeigt die Eingabedaten und das Rechenergebnis der Plastizitätsuntersuchung eines Pfahlwerks mit gelenkigen Pfählen (Abb. 34).

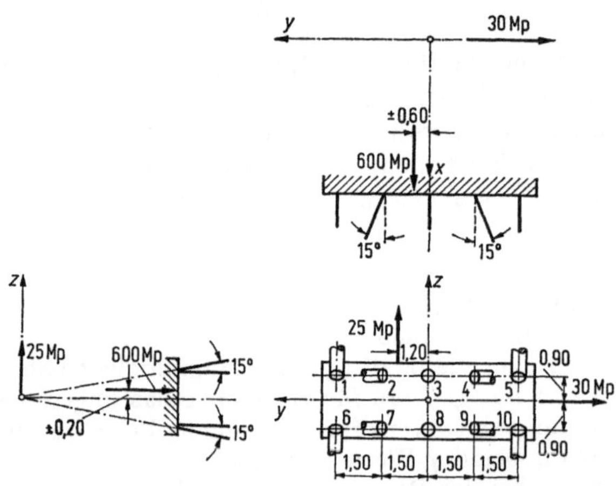

Abb. 34. Beispiel 3 der programmierten Berechnung

Das Programm Nr. 3 berechnet die kritische Last von Pfahlwerken mit gelenkigen Pfählen unter einer richtungstreuen Einzellast. Der Einfluß der Pfahlblockverschiebung wird hierbei durch sukzessive Iteration erfaßt. Die Eingabedaten werden in vier Teilen gegliedert.

Der erste Teil lautet:

SN Systemnummer,
ZP Anzahl der Pfähle,
ZV Anzahl der zugelassenen Bewegungsrichtungen des Pfahlblocks,
ZIT max. Anzahl der Iteration,
EPS gewünschte Schranke des relativen Fehlers der Iterationswerte.

Der zweite Teil besteht aus ZP Zeilen von je 7 Zahlen:

$L, s, x, y, z, \alpha, \omega,$ Länge, Steifigkeit, Koordinaten des Pfahlkopfs, Winkel α, ω des 1. Pfahls,

. . . .   usw.

. . . .

Der dritte Teil ist leer, falls $ZV = 6$ ist (keine Bewegungsbehinderung). Andernfalls besteht er aus ZV Zahlen, welche die zugelassenen Bewegungsrichtungen des Pfahlblocks angeben. Hierbei werden den Verschiebungen $v_x, v_y, \ldots, v_c$ die Zahlen 1 bis 6 zugeordnet. Zum Beispiel kann bei $ZV = 5$ der dritte Teil der Daten wie folgt aussehen:

1, 2, 3, 4, 5,

Dies bedeutet, daß eine Verdrehung um die z-Achse verhindert wird.

Der vierte Teil lautet:

$x, y, z, \alpha, \omega,$ Koordinaten des Kraftangriffspunktes, Winkel α, ω der Kraftrichtung.

Beispiel 4 (S. 88) zeigt die Eingabedaten und das Rechenergebnis der Stabilitätsuntersuchung eines Pfahlwerks mit gelenkigen Pfählen (Abb. 35).

Bei allen drei Programmen können mehrere Datensätze hintereinander gereiht in einem Lauf verarbeitet werden. Am Ende des letzten Datensatzes ist die Kennzahl **33333** anzugeben, damit der Programmlauf automatisch beendet wird.

Zu beachten sind die Dimensionen. Wird im Programm Nr. 1 statt der tatsächlichen Steifigkeit der Wert 1 genommen, darf nicht vergessen werden, daß die ausgedruckten Verschiebungen noch

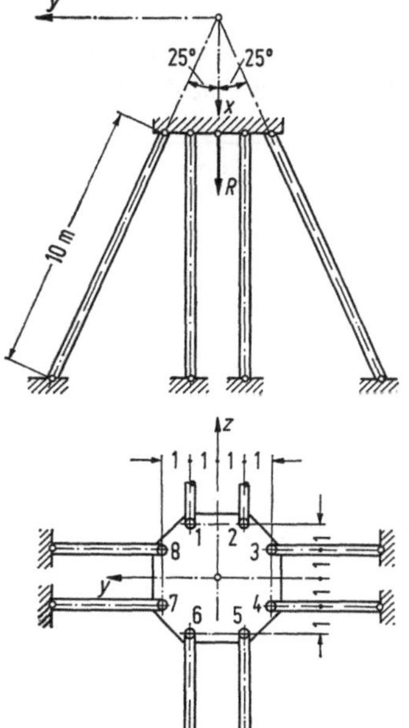

Abb. 35. Beispiel 4 der programmierten Berechnung

mit einem Faktor multipliziert werden müssen, bevor man die tatsächlichen Werte erhält.

Steht dem Leser kein ALGOL-Compiler zur Verfügung, was jedoch heute in den größeren Rechenzentren nicht der Fall sein dürfte, bereitet die Übertragung der Programme in eine andere höhere Programmiersprache, z. B. ASA FORTRAN, bei gebührender Beachtung der strukturellen Unterschiede der Quellen- und der Objektsprache grundsätzlich keine Schwierigkeit. Der Leser sei jedoch vor Gefahren der Verwendung eines Wörterbuches der Programmiersprachen für diesen Zweck gewarnt; durch ein schlechtes, fehlerhaftes Wörterbuch könnte man in geradezu grotesker Weise irregeführt werden, wie kürzlich in einem konkreten Fall bekannt wurde.

Es ist bekannt, daß wegen der unterschiedlichen Stellenzahl der Zahlendarstellung in den verschiedenen Rechenanlagen der Einfluß der Abrundungsfehler auf das Ergebnis einer elektronischen Berechnung verschieden stark sein kann. Die Wahrscheinlichkeit einer starken Verfälschung der Ergebnisse durch Abrundungsfehler scheint jedoch im Hinblick auf die nicht allzu große Anzahl der Operationen für die vorliegenden Programme kaum gegeben zu sein. Übrigens ist für das Programm Nr. 1, wie oben erwähnt, eine Kontrollmöglichkeit vorhanden, wodurch man die Genauigkeit der Berechnung sofort nachprüfen kann.

Es dürfte vom Interesse sein, einige Daten über den Bedarf an Maschinenzeit der einzelnen Programme zusammenzustellen. Die folgenden Angaben beziehen sich auf Werte, die bei einer Anlage TR 4 (32 K Worte zu 48 Bits mit Plattenbetriebssystem) festgestellt wurden.

Beispiel	Programm-länge [Worte]	Übersetzungs-zeit [min]	Rechenzeit [min]	Kosten[1] für 1 Pfahlwerk [DM]	Kosten für 10 Pfahlwerke [DM]
1	6638	1,83	0,12	49	75
2	6638	1,83	0,15	50	83
3	5446	1,72	0,75	62	232
4	8464	2,60	0,13	68	98

[1] Zugrunde gelegt Maschinenmiete DM 25/min.

Auf Grund dieser Angaben liegt die Wirtschaftlichkeit der Pfahlwerksberechnung mit Hilfe der modernen Rechenanlagen auf der Hand.

Programme und Beispiele

Programm Nr. 1

```
'BEGIN'
'COMMENT' PROGRAM NO. 1
SUBJECT: STRUCTURAL ANALYSIS OF PILE FOUNDATIONS
LITERATURE: F. SCHIEL, STATIK DER PFAHLWERKE, 2. AUFL.
            BERLIN, 1969, SPRINGER-VERLAG
PROGRAMMING: M. K. SHEN, INSTITUT FUER STAHLBAU
            TECHNISCHE HOCHSCHULE MUENCHEN, MUENCHEN, GERMANY
COMPILER: ALCOR TR4 (2), LEIBNIZ-RECHENZENTRUM DER BAYERISCHEN AKADEMIE
            DER WISSENSCHAFTEN;
'REAL' CR,SA,CA,SM,CM,C,U,V;
'INTEGER' SN,LF,ZP,RK,I,J,K,KK,DF;
'BOOLEAN' ENG,CON,BGL,BST;
'ARRAY' SG<1:6>,S,SK<1:6,1:6>;
'INTEGER' 'ARRAY' CC,RI<1:6>;
'PROCEDURE' LINDE(A,B,N,M,EPA,EPB,DT,RK,Z,COMP,CC,RI,EXIT);
'VALUE' N,M,EPA,EPB;  'REAL' EPA,EPB,DT;  'INTEGER' N,M,RK,Z;
'ARRAY' A,B;  'INTEGER' 'ARRAY' CC,RI;  'BOOLEAN' 'ARRAY' COMP;
'LABEL' EXIT;  'CODE';
'PROCEDURE' FORM;
FORMAT('('6<,7B,6(5B,-D.4D'-2ZD))')')');
'PROCEDURE' LIST(LIP);  'PROCEDURE' LIP;
'BEGIN' 'INTEGER' I,J;
'FOR' I:=1 'STEP' 1 'UNTIL' 6 'DO' 'FOR' J:=1 'STEP' 1 'UNTIL' 6 'DO'
LIP(S<I,J>)
'END' LIST;
CR:=3.14159265359/180;
MUENCHEN:
READ(SN);
'IF' SN 'EQUAL' 33333 'THEN' 'GO TO' BERLIN;
OUTPUT(1,'('*'('STATISCHE BERECHNUNG VON PFAHLWERKEN')',
//,'('NACH F. SCHIEL, STATIK DER PFAHLWERKE, 2. AUFL; BERLIN, 1969, ')',
'('SPRINGER-VERLAG')',//,'('GRUNDEINHEITEN:  MP, M, ALTGRAD')',///,
'('SYSTEM NR.')',3ZD')',SN);
READ(I,ZP,LF,DF,J,K,KK);
'BEGIN' 'ARRAY' X,Y,Z,AL,OM,DH<1:ZP>,ES,GP,GSP<1:ZP,1:6>,
RV,CHK<1:6,1:LF>,ET,EST<1:ZP,1:6,1:6>;
'BOOLEAN' 'ARRAY' COMP<1:LF>;
ENG:=I 'GREATER' O;  BGL:=K 'GREATER' O;   BST:=KK 'GREATER' O;
'IF' J 'GREATER' O 'THEN' 'BEGIN'
CON:='TRUE';  'FOR' J:=1 'STEP' 1 'UNTIL' LF 'DO'
'FOR' K:=1 'STEP' 1 'UNTIL' 6 'DO' CHK<K,J>:=0 'END' 'ELSE' CON:='FALSE';
'IF' ENG 'THEN' OUTPUT(1,'('9B,'('PFAEHLE MIT EINSPANNUNG')',//,2B,'('PFAHL')',
10B,'('H')''')') 'ELSE' OUTPUT(1,'('9B,'('PFAEHLE GELENKIG')',//,2B,'('PFAHL')',
10B,'('S')''')');
OUTPUT(1,'('3(16B,S),14B,5S,12B,5S')','('X')','('Y')','('Z')','('ALPHA')',
'('OMEGA')')');
'FOR' I:=1 'STEP' 1 'UNTIL' ZP 'DO' 'BEGIN'
READ(DH<I>,X<I>,Y<I>,Z<I>,AL<I>,OM<I>);
OUTPUT(1,'('/3B,ZD2B,6(5B,-D.4D'-2ZD)')',I,DH<I>,X<I>,Y<I>,Z<I>,AL<I>,
OM<I>);
AL<I>:=AL<I>*CR;  OM<I>:=OM<I>*CR 'END';
'IF' ENG 'THEN' 'BEGIN'
OUTPUT(1,'('//2B,'('PFAHL')',10B,'('S')',15D'('SQ1')',14B,'('SQ2')',14B,
'('ST')',15B,'('SM1')',14B,'('SM2')''')');
'FOR' I:=1 'STEP' 1 'UNTIL' ('IF' BGL 'THEN' 1 'ELSE' ZP) 'DO' 'BEGIN'
'FOR' J:=1 'STEP' 1 'UNTIL' 6 'DO'READ(ES<I,J>);
OUTPUT(1,'('/3B,ZD2B,6(5B,-D.4D'-2ZD)')',I,ES<I,1>,ES<I,2>,ES<I,3>,
ES<I,4>,ES<I,5>,ES<I,6>) 'END';
'IF' BGL 'THEN' 'BEGIN' 'FOR' I:=2 'STEP' 1 'UNTIL' ZP 'DO'
'FOR' J:=1 'STEP' 1 'UNTIL' 6 'DO' ES<I,J>:=ES<1,J>;
OUTPUT(1,'('//'('DIE RESTLICHEN PFAEHLE HABEN DIESELBEN STEIFIGKEITEN')''')')
'END' 'END';
OUTPUT(1,'('///'('BELASTUNGEN:')',//,'('LASTFALL')',8B,'('RX')',5(15B,2S)')',
'('RY')','('RZ')','('RA')','('RB')','('RC')')');
'FOR' I:=1 'STEP' 1 'UNTIL' LF 'DO' 'BEGIN'
'FOR' J:=1 'STEP' 1 'UNTIL' 6 'DO' READ(RV<J,I>);
```

```
OUTPUT(1,'('/3B,ZD2B,6(5B,-D.4D'-2ZD)')',I,RV<1,I>,RV<2,I>,RV<3,I>,
RV<4,I>,RV<5,I>,RV<6,I>) 'END';
'IF' ENG 'THEN' 'BEGIN'
'FOR' I:=1 'STEP' 1 'UNTIL' 6 'DO' 'FOR' J:=1 'STEP' 1 'UNTIL' 6 'DO'
S<I,J>:=SK<I,J>:=0;
'FOR' I:=1 'STEP' 1 'UNTIL' ZP 'DO' 'BEGIN'
ET<I,1,1>:=ET<I,4,4>:=CA:=COS(AL<I>);   SA:=SIN(AL<I>);
ET<I,2,1>:=ET<I,5,4>:=-SA;
ET<I,3,3>:=ET<I,6,6>:=CM:=COS(OM<I>);   SM:=SIN(OM<I>);
ET<I,3,2>:=ET<I,6,5>:=-SM;  ET<I,1,2>:=ET<I,4,5>:=SA*CM;
ET<I,1,3>:=ET<I,4,6>:=SA*SM;  ET<I,2,2>:=ET<I,5,5>:=CA*CM;
ET<I,2,3>:=ET<I,5,6>:=CA*SM;  ET<I,3,1>:=ET<I,6,4>:=0;
'FOR' K:=4 'STEP' 1 'UNTIL' 6 'DO' 'FOR' J:=1 'STEP' 1 'UNTIL' 3 'DO'
ET<I,K,J>:=0;
'FOR' K:=1 'STEP' 1 'UNTIL' 3 'DO' 'BEGIN'
ET<I,K,4>:=-ET<I,K,2>*Z<I>+ET<I,K,3>*Y<I>;
ET<I,K,5>:=ET<I,K,1>*Z<I>-ET<I,K,3>*X<I>;
ET<I,K,6>:=-ET<I,K,1>*Y<I>+ET<I,K,2>*X<I> 'END';
U:=DH<I>;   V:=U*U;
'FOR' K:=1 'STEP' 1 'UNTIL' 6 'DO' SK<K,K>:=ES<I,K>;
SK<6,2>:=SK<2,6>:=U*SK<2,2>;   SK<5,3>:=SK<3,5>:=-U*SK<3,3>;
SK<5,5>:=SK<5,5>+V*SK<3,3>;   SK<6,6>:=SK<6,6>+V*SK<2,2>;
'FOR' K:=1 'STEP' 1 'UNTIL' 6 'DO'
'FOR' J:=1 'STEP' 1 'UNTIL' 6 'DO' 'BEGIN'
V:=0;   'FOR' KK:=1 'STEP' 1 'UNTIL' 6 'DO' V:=SK<K,KK>*ET<I,KK,J>+V;
EST<I,K,J>:=V 'END';
'FOR' K:=1 'STEP' 1 'UNTIL' 6 'DO'
'FOR' J:=1 'STEP' 1 'UNTIL' 6 'DO' 'BEGIN'
V:=0;   'FOR' KK:=1 'STEP' 1 'UNTIL' 6 'DO' V:=ET<I,KK,K>*EST<I,KK,J>+V;
S<K,J>:=S<K,J>+V 'END' 'END' 'END' 'ELSE' 'BEGIN'
'FOR' I:=1 'STEP' 1 'UNTIL' ZP 'DO' 'BEGIN'
GP<I,1>:=COS(AL<I>);   SA:=SIN(AL<I>);
GP<I,2>:=SA*COS(OM<I>);   GP<I,3>:=SA*SIN(OM<I>);
GP<I,4>:=-GP<I,2>*Z<I>+GP<I,3>*Y<I>;
GP<I,5>:=GP<I,1>*Z<I>-GP<I,3>*X<I>;
GP<I,6>:=-GP<I,1>*Y<I>+GP<I,2>*X<I> 'END';
'FOR' I:=1 'STEP' 1 'UNTIL' ZP 'DO' 'BEGIN'
U:=DH<I>;
'FOR' J:=1 'STEP' 1 'UNTIL' 6 'DO' GSP<I,J>:=U*GP<I,J> 'END';
'FOR' K:=1 'STEP' 1 'UNTIL' 6 'DO' 'FOR' J:=1 'STEP' 1 'UNTIL' 6 'DO' 'BEGIN'
V:=0;   'FOR' KK:=1 'STEP' 1 'UNTIL' ZP 'DO' V:=GP<KK,K>*GSP<KK,J>+V;
S<K,J>:=V 'END' 'END';
'IF' BST 'THEN' 'BEGIN' OUTPUT(1,'('///'('STEIFIGKEITSMATRIX:')',/')');
OUTLIST(1,FORM,LIST) 'END';
LINDE(S,RV,6,LF,'-7,'-7,C,RK,K,COMP,CC,RI,HAMBURG);
'IF' RK 'LESS' 6 'THEN'
OUTPUT(1,'('///'('SYSTEM IST DEGENERIERT    RANG = ')',D')',RK);
'IF' ENG 'THEN'
OUTPUT(1,'('///'('SCHNITTKRAEFTE:')'')') 'ELSE'
OUTPUT(1,'('///'('PFAHLKRAEFTE:')'')');
'FOR' KK:=1 'STEP' 1 'UNTIL' LF 'DO' 'BEGIN'
OUTPUT(1,'('//'('LASTFALL')',2ZD')',KK);
'IF' 'NOT' COMP<KK> 'THEN' 'BEGIN'
OUTPUT(1,'('8B,'('NICHT VERTRAEGLICH')'')');   'GO TO' ERLANGEN 'END';
'IF' ENG 'THEN' 'BEGIN' OUTPUT(1,'('//2B,'('PFAHL')',10B,'('N')',5(15B,2S)')',
'('Q1')','('Q2')','('MT')','('M1')','('M2')');
'FOR' I:=1 'STEP' 1 'UNTIL' ZP 'DO' 'BEGIN'
'FOR' K:=1 'STEP' 1 'UNTIL' 6 'DO' 'BEGIN'
U:=0;   'FOR' J:=1 'STEP' 1 'UNTIL' 6 'DO' U:=EST<I,K,J>*RV<J,KK>+U;
SG<K>:=U 'END';
OUTPUT(1,'('/3B,ZD2B,6(5B,-D.4D'-2ZD)')',I,SG<1>,SG<2>,SG<3>,SG<4>,
SG<5>,SG<6>);
'IF' CON 'THEN' 'FOR' K:=1 'STEP' 1 'UNTIL' 6 'DO' 'BEGIN'
U:=0;   'FOR' J:=1 'STEP' 1 'UNTIL' 6 'DO' U:=ET<I,J,K>*SG<J>+U;
CHK<K,KK>:=CHK<K,KK>+U 'END' 'END' 'END' 'ELSE' 'BEGIN'
OUTPUT(1,'('//2B,'('PFAHL')',10B,'('N')'')');
'FOR' I:=1 'STEP' 1 'UNTIL' ZP 'DO' 'BEGIN'
U:=0;
'FOR' J:=1 'STEP' 1 'UNTIL' 6 'DO' U:=GSP<I,J>*RV<J,KK>+U;
OUTPUT(1,'('/3B,ZD7B,-D.4D'-2ZD)')',I,U);
'IF' CON 'THEN' 'FOR' J:=1 'STEP' 1 'UNTIL' 6 'DO'
```

```
CHK<J,KK>:=CHK<J,KK>+U*GP<I,J> 'END' 'END';
ERLANGEN: 'END';
'IF' CON 'THEN' 'BEGIN' OUTPUT(1,'('///'('KONTROLLE:')',//,'('LASTFALL')',8B,
'('RX')',5(15B,2S)')',('RY')','('RZ')','('RA')','('RB')','('RC')');
'FOR' I:=1 'STEP' 1 'UNTIL' LF 'DO' 'BEGIN'
'IF' COMP<I> 'THEN' OUTPUT(1,'('/3B,ZD2B,6(5B,-D.4D'-2ZD)')',I,CHK<1,I>,
CHK<2,I>,CHK<3,I>,CHK<4,I>,CHK<5,I>,CHK<6,I>) 'END' 'END';
'IF' DF 'GREATER' 0 'THEN' 'BEGIN'
OUTPUT(1,'('///'('PFAHLKOPFVERSCHIEBUNGEN:')',//,'('LASTFALL')',8B,'('VX')',
5(15B,2S)')','('VY')','('VZ')','('VA')','('VB')','('VC')');
'FOR' I:=1 'STEP' 1 'UNTIL' LF 'DO' 'BEGIN'
'IF' COMP<I> 'THEN' OUTPUT(1,'('/3B,ZD2B,6(5B,-D.4D'-2ZD)')',
I,RV<1,I>,RV<2,I>,RV<3,I>,RV<4,I>,RV<5,I>,RV<6,I>) 'END' 'END';
'GO TO' MUENCHEN;
HAMBURG:
OUTPUT(1,'('///'('SAEMTLICHE LASTFAELLE UNVERTRAEGLICH')''')');
'GO TO' MUENCHEN 'END';
BERLIN:
'END' STRUCTURAL ANALYSIS OF PILE FOUNDATIONS;
```

Programm Nr. 2

```
'BEGIN'
'COMMENT'  PROGRAM NO. 2
SUBJECT:  PLASTIC ANALYSIS OF PILE FOUNDATIONS
LITERATURE:  F. SCHIEL, STATIK DER PFAHLWERKE, 2. AUFL.
             BERLIN, 1969, SPRINGER-VERLAG
PROGRAMMING:  M. K. SHEN, INSTITUT FUER STAHLBAU
              TECHNISCHE HOCHSCHULE MUENCHEN, MUENCHEN, GERMANY
COMPILER:  ALCOR TR4 (2), LEIBNIZ-RECHENZENTRUM DER BAYERISCHEN AKADEMIE
           DER WISSENSCHAFTEN;
'REAL' CR,SA,CA,SM,CM,C,U,V,FH;
'INTEGER' SN,ZP,RK,I,J,K,KK,ZP1,ZP2,LF1,LF2,LF,CFZ,ZZ,DRU,DB,DM,DE;
'BOOLEAN' BGL;
'ARRAY' RV<1:6,1:1>,S<1:6,1:6>;
'INTEGER' 'ARRAY' CC,RI<1:6>;
'PROCEDURE' LINDE(A,B,N,M,EPA,EPB,DT,RK,Z,COMP,CC,RI,EXIT);
'VALUE' N,M,EPA,EPB;  'REAL' EPA,EPB,DT;  'INTEGER' N,M,RK,Z;
'ARRAY' A,B;  'INTEGER' 'ARRAY' CC,RI;  'BOOLEAN' 'ARRAY' COMP;
'LABEL' EXIT;  'CODE';
CR:=3.14159265359/180;
MUENCHEN:
READ(SN);
'IF' SN 'EQUAL' 33333 'THEN' 'GO TO' BERLIN;
OUTPUT(1,'('*'('PLASTIZITAETSUNTERSUCHUNG VON GELENKIGEN PFAHLWERKEN')',
//,'('NACH F. SCHIEL, STATIK DER PFAHLWERKE, 2. AUFL; BERLIN, 1969, ')',
'('SPRINGER-VERLAG')',//,'('GRUNDEINHEITEN:  MP, M, ALTGRAD')',///,
'('SYSTEM NR.')',3ZD)',SN);
READ(ZP,LF,K,DRU,DB,DM,DE);
CFZ:=1.2*ZP;
'BEGIN' 'ARRAY' X,Y,Z,AL,OM,DH,NMAX,NMIN,PT,PKA,PKA1<1:ZP>,FHE<1:LF>,
RD,RU<1:6,1:LF>,GP,GP1,GSP,GSP1<1:ZP,1:6>,FH1<1:LF,0:CFZ>,
PKR,EK<1:ZP,1:LF>,PK,PE<1:ZP,1:LF,0:CFZ>;
'INTEGER' 'ARRAY' PLS,ZOR,ZORA<1:ZP>,ZZR<1:LF>;
'BOOLEAN' 'ARRAY' COMP<1:LF>;
BGL:=K 'GREATER' 0;
OUTPUT(1,'('//2B,'('PFAHL')',10B,'('S')',3(16B,S),14B,5S,12B,5S')',
'('X')','('Y')','('Z')','('ALPHA')','('OMEGA')');
'FOR' I:=1 'STEP' 1 'UNTIL' ZP 'DO' 'BEGIN'
READ(DH<I>,X<I>,Y<I>,Z<I>,AL<I>,OM<I>);
OUTPUT(1,'('/3B,ZD2B,6(5B,-D.4D'-2ZD)')',I,DH<I>,X<I>,Y<I>,Z<I>,AL<I>,
OM<I>);
AL<I>:=AL<I>*CR;  OM<I>:=OM<I>*CR 'END';
OUTPUT(1,'('///'('TRAGFAEIGKEITEN:')',//,2B,'('PFAHL')',8B,
'('NMAX')',13B,'('NMIN')''')');
'FOR' I:=1 'STEP' 1 'UNTIL' ('IF' BGL 'THEN' 1 'ELSE' ZP) 'DO' 'BEGIN'
READ(NMAX<I>,NMIN<I>);
OUTPUT(1,'('/3B,ZD2B,2(5B,-D.4D'-2ZD)')',I,NMAX<I>,NMIN<I>) 'END';
'IF' BGL 'THEN' 'BEGIN' 'FOR' I:=2 'STEP' 1 'UNTIL' ZP 'DO' 'BEGIN'
```

```
NMAX<I>:=NMAX<1>;  NMIN<I>:=NMIN<1> 'END';
OUTPUT(1,'('//'('DIE RESTLICHEN PFAEHLE HABEN DIESELBEN TRAGFAEIGKEITEN')'')')
'END';
OUTPUT(1,'('///'('BELASTUNGEN:')',//'('LASTFALL')',8B,'('RX')',5(15B,2S)')',
'('RY')','('RZ')','('RA')','('RB')','('RC')')');
'FOR' J:=1 'STEP' 1 'UNTIL' LF 'DO' 'BEGIN'
'FOR' I:=1 'STEP' 1 'UNTIL' 6 'DO' 'BEGIN'
READ(RU<I,J>);  RD<I,J>:=RU<I,J> 'END';
OUTPUT(1,'('/3B,ZD2B,6(5B,-D.4D'-2ZD)')',
J,RU<1,J>,RU<2,J>,RU<3,J>,RU<4,J>,RU<5,J>,RU<6,J>) 'END';
'FOR' I:=1 'STEP' 1 'UNTIL' ZP 'DO' 'BEGIN'
GP<I,1>:=COS(AL<I>);  SA:=SIN(AL<I>);
GP<I,2>:=SA*COS(OM<I>);  GP<I,3>:=SA*SIN(OM<I>);
GP<I,4>:=-GP<I,2>*Z<I>+GP<I,3>*Y<I>;
GP<I,5>:=GP<I,1>*Z<I>-GP<I,3>*X<I>;
GP<I,6>:=-GP<I,1>*Y<I>+GP<I,2>*X<I> 'END';
'FOR' I:=1 'STEP' 1 'UNTIL' ZP 'DO' 'BEGIN'
U:=DH<I>;  'FOR' J:=1 'STEP' 1 'UNTIL' 6 'DO' GSP<I,J>:=U*GP<I,J> 'END';
'FOR' K:=1 'STEP' 1 'UNTIL' 6 'DO' 'FOR' J:=K 'STEP' 1 'UNTIL' 6 'DO' 'BEGIN'
V:=0;  'FOR' KK:=1 'STEP' 1 'UNTIL' ZP 'DO' V:=GP<KK,K>*GSP<KK,J>+V;
S<J,K>:=S<K,J>:=V 'END';
LINDE(S,RD,6,LF,'-7,'-7,C,RK,K,COMP,CC,RI,FRANKFURT);
'IF' K 'LESS' LF 'THEN' 'GO TO' HAMBURG;
'FOR' LF1:=1 'STEP' 1 'UNTIL' LF 'DO' 'BEGIN'
'FOR' I:=1 'STEP' 1 'UNTIL' ZP 'DO' 'BEGIN'
PLS<I>:='IF' -NMIN<I> 'LESS' '-5 'THEN' -1 'ELSE'
'IF' NMAX<I> 'LESS' '-5 'THEN' 1 'ELSE' 0;  PKA<I>:=PKA1<I>:=0 'END';
FH:=FH1<LF1,0>:=0;  ZZ:=0;
MARBURG:
ZP1:=ZP;
'FOR' I:=1 'STEP' 1 'UNTIL' 6 'DO' RV<I,1>:=RD<I,LF1>;
'FOR' I:=1 'STEP' 1 'UNTIL' ZP 'DO' 'BEGIN'
ZOR<I>:=I;
'FOR' J:=1 'STEP' 1 'UNTIL' 6 'DO' GSP1<I,J>:=GSP<I,J> 'END';
KIEL:
ZP2:=ZP1;  'FOR' I:=1 'STEP' 1 'UNTIL' ZP 'DO' PT<I>:=0;
'FOR' I:=1 'STEP' 1 'UNTIL' ZP2 'DO' ZORA<I>:=ZOR<I>;
'FOR' I:=1 'STEP' 1 'UNTIL' ZP2 'DO' 'BEGIN'
U:=0;  'FOR' K:=1 'STEP' 1 'UNTIL' 6 'DO' U:=GSP1<I,K>*RV<K,1>+U;
PT<ZORA<I>>:=U 'END';
J:=0;  'FOR' KK:=1 'STEP' 1 'UNTIL' ZP2 'DO' 'BEGIN'
I:=ZORA<KK>;
'IF' PLS<I> 'EQUAL' 0 'OR' PLS<I> 'LESS' 0 'AND' PT<I> 'GREATER' '-5 'OR'
PLS<I> 'GREATER' 0 'AND' PT<I> 'LESS' -'-5 'THEN' 'BEGIN'
J:=J+1;  ZOR<J>:=I;
'FOR' K:=1 'STEP' 1 'UNTIL' 6 'DO' 'BEGIN' GP1<J,K>:=GP<I,K>;
GSP1<J,K>:=GSP<I,K> 'END' 'END' 'END';  ZP1:=J;
'IF' ZP1 'EQUAL' ZP2 'THEN' 'GO TO' MAINZ;
'FOR' K:=1 'STEP' 1 'UNTIL' 6 'DO' 'BEGIN'
RV<K,1>:=RU<K,LF1>;  'FOR' J:=K 'STEP' 1 'UNTIL' 6 'DO' 'BEGIN'
V:=0;  'FOR' KK:=1 'STEP' 1 'UNTIL' ZP1 'DO' V:=GP1<KK,K>*GSP1<KK,J>+V;
S<J,K>:=S<K,J>:=V 'END' 'END';
LINDE(S,RV,6,1,'-7,'-7,C,RK,K,COMP,CC,RI,REGENSBURG);
'GO TO' KIEL;
MAINZ:
C:='5;
'FOR' I:=1 'STEP' 1 'UNTIL' ZP1 'DO' 'BEGIN' J:=ZOR<I>;  U:=PT<J>;
V:='IF' ABS(U) 'LESS' '-5 'THEN' '5 'ELSE'
ABS(('IF' U 'LESS' 0 'THEN' (NMIN<J>-PKA<J>) 'ELSE'
(NMAX<J>-PKA<J>))/U);  'IF' V 'LESS' C 'THEN' C:=V 'END';
ZZ:=ZZ+1;  'IF' ZZ 'GREATER' CFZ 'THEN' 'GO TO' DORTMUND;
FH:=FH1<LF1,ZZ>:=FH+C;
'FOR' I:=1 'STEP' 1 'UNTIL' ZP1 'DO' 'BEGIN'
J:=ZOR<I>;  U:=PKA<J>:=C*PT<J>+PKA<J>;
'IF' U 'LESS' -'-5 'AND' (ABS(U-NMIN<J>) 'NOT GREATER' -NMIN<J>*'-5 'OR'
-NMIN<J> 'LESS' '-5) 'THEN' 'BEGIN'
PLS<J>:=-1;  PKA<J>:=NMIN<J> 'END' 'ELSE'
'IF' U 'GREATER' '-5 'AND' (ABS(U-NMAX<J>) 'NOT GREATER' NMAX<J>*'-5 'OR'
NMAX<J> 'LESS' '-5) 'THEN' 'BEGIN'
PLS<J>:=1;  PKA<J>:=NMAX<J> 'END' 'ELSE' PLS<J>:=0 'END';
```

```
'FOR' I:=1 'STEP' 1 'UNTIL' ZP 'DO' 'BEGIN'
PE<I,LF1,ZZ>:=U:=(PKA<I>-PKA1<I>)/C;
PK<I,LF1,ZZ>:=PKA<I>-U*FH;   PKA1<I>:=PKA<I> 'END';
'GO TO' MARBURG;
REGENSBURG:
ZZR<LF1>:=ZZ;
'FOR' I:=1 'STEP' 1 'UNTIL' ZP 'DO' PKR<I,LF1>:=PKA<I> 'END';
'IF' DRU 'NOT GREATER' 2 'THEN' 'BEGIN'
OUTPUT(1,'('///'(§UNTERSUCHUNG DER RUHENDEN BELASTUNGEN:')''')');
'IF' DM 'GREATER' O 'THEN' 'BEGIN'
OUTPUT(1,'('//'('MASSGEBENDER LASTFALL:')''')');
C:=FH1<1,ZZR<1>>;   KK:=1;
'FOR' K:=2 'STEP' 1 'UNTIL' LF 'DO'
'IF' FH1<K,ZZR<K>> 'LESS' C 'THEN' 'BEGIN'
KK:=K;   C:=FH1<K,ZZR<K>> 'END';
LF1:=LF2:=KK 'END' 'ELSE' 'BEGIN' LF1:=1;   LF2:=LF 'END';
'FOR' K:=LF1 'STEP' 1 'UNTIL' LF2 'DO' 'BEGIN'
OUTPUT(1,'('//'('LASTFALL')',2ZD11B,'('FHI =')',2B,-D.4D'-2ZD')',
K,FH1<K,ZZR<K>>);
'IF' DB 'GREATER' O 'THEN' 'BEGIN'
OUTPUT(1,'('//2B,'('PFAHL')',10B,'('N')''')');
'FOR' I:=1 'STEP' 1 'UNTIL' ZP 'DO'
OUTPUT(1,'('/3B,ZD7B,-D.4D'-2ZD')',I,PKR<I,K>) 'END' 'END' 'END';
CM:='5;
'FOR' LF1:=1 'STEP' 1 'UNTIL' LF 'DO' 'BEGIN'
'FOR' I:=1 'STEP' 1 'UNTIL' ZP 'DO' 'BEGIN'
U:=0;   'FOR' K:=1 'STEP' 1 'UNTIL' 6 'DO' U:=GSP<I,K>*RD<K,LF1>+U;
EK<I,LF1>:=U;
V:='IF' ABS(U) 'LESS' '-5 'THEN' '5 'ELSE'
'IF' U 'LESS' O 'THEN' NMIN<I>/U 'ELSE' NMAX<I>/U;
'IF' V 'LESS' CM 'THEN' CM:=V 'END' 'END';
'IF' DRU 'LESS' 2 'THEN' 'GO TO' DUESSELDORF;
OUTPUT(1,'('///'('UNTERSUCHUNG DER WECHSELNDEN BELASTUNGEN:')''')');
C:='5;   RK:=DM:=0;
'FOR' LF1:=1 'STEP' 1 'UNTIL' LF 'DO'
'FOR' LF2:=1 'STEP' 1 'UNTIL' LF 'DO' 'IF' LF1 'NOT EQUAL' LF2 'THEN' 'BEGIN'
ZZ:=ZZR<LF1>;
BOCHUM:
FH:='5;
'FOR' I:=1 'STEP' 1 'UNTIL' ZP 'DO' 'BEGIN'
U:=PK<I,LF1,ZZ>;   V:=PE<I,LF1,ZZ>+EK<I,LF2>-EK<I,LF1>;
V:='IF' V 'GREATER' '-5 'THEN' (NMAX<I>-U)/V 'ELSE'
'IF' V 'LESS' -'-5 'THEN' (NMIN<I>-U)/V 'ELSE' '5;
'IF' V 'LESS' FH 'THEN' FH:=V 'END';
'IF' FH 'GREATER' FH1<LF1,ZZ>-'-6 'THEN' FH:=FH1<LF1,ZZ> 'ELSE'
'IF' FH 'LESS' FH1<LF1,ZZ-1>-'-6 'THEN' 'BEGIN'
ZZ:=ZZ-1;   'GO TO' BOCHUM 'END';
'IF' FH 'LESS' C 'THEN' 'BEGIN'
RK:=LF1;   DM:=LF2;   C:=FH 'END' 'END';
OUTPUT(1,'('///'('ERGEBNIS:')',12B,'('FHI =')',2B,-D.4D'-2ZD,6B,
'('NR. DER MASSGEBENDEN LASTFAELLE:')',2B,2(2ZD2B)')',C,RK,DM);
DUESSELDORF:
'IF' DE 'GREATER' O 'THEN'
OUTPUT(1,'('///'(§VERGLEICHSRECHNUNG:')',7B,'('ELASTISCHER FHI =')',2B,
-D.4D'-2ZD')',CM);
'GO TO' MUENCHEN;
HAMBURG:
'FOR' I:=1 'STEP' 1 'UNTIL' LF 'DO' 'IF' 'NOT' COMP<I> 'THEN'
OUTPUT(1,'('///'('LASTFALL')',2ZDB,'('IST UNVERTRAEGLICH')''')',I);
'GO TO' DARMSTADT;
FRANKFURT:
OUTPUT(1,'('///'('SAEMTLICHE LASTFAELLE UNVERTRAEGLICH')''')');
'GO TO' DARMSTADT;
DORTMUND:
OUTPUT(1,'('///'('ALARM CFZ ZU KLEIN')''')');
DARMSTADT:
OUTPUT(1,'('///'('BERECHNUNG ABGEBROCHEN')''')');
'GO TO' MUENCHEN 'END';
BERLIN:
'END' PLASTIC ANALYSIS OF PILE FOUNDATIONS;
```

Programm Nr. 3

```
'BEGIN'
'COMMENT' PROGRAM NO. 3
SUBJECT: STABILITY STUDY OF PILE FOUNDATIONS
LITERATURE: F. SCHIEL, STATIK DER PFAHLWERKE, 2. AUFL.
            BERLIN, 1969, SPRINGER-VERLAG
PROGRAMMING: M. K. SHEN, INSTITUT FUER STAHLBAU
             TECHNISCHE HOCHSCHULE MUENCHEN, MUENCHEN, GERMANY
COMPILER: ALCOR TR4 (2), LEIBNIZ-RECHENZENTRUM DER BAYERISCHEN AKADEMIE
          DER WISSENSCHAFTEN;
'REAL' CR,SA,CA,SM,CM,C,T,U,V,XK,YK,ZK,XF,YF,ZF,TAL,TOM,KRL,KRC,CX,CY,CZ,
TX,TY,TZ,QX,QY,QZ,KD,EPS;
'INTEGER' SN,ZP,ZV,I,J,K,KK,IC,JC,IT,ZIT;
'ARRAY' VV<1:6>,RV<1:6,1:1>,F,H<1:3,1:3>,S,Q,W<1:6,1:6>;
'PROCEDURE' LINDE(A,B,N,M,EPA,EPB,DT,RK,Z,COMP,CC,RI,EXIT);
'VALUE' N,M,EPA,EPB; 'REAL' EPA,EPB,DT; 'INTEGER' N,M,RK,Z;
'ARRAY' A,B; 'INTEGER' 'ARRAY' CC,RI; 'BOOLEAN' 'ARRAY' COMP;
'LABEL' EXIT; 'CODE';
'PROCEDURE' QR1(N,A,LAMR,LAMI,EXIT); 'VALUE' N; 'INTEGER' N;
'ARRAY' A,LAMR,LAMI; 'LABEL' EXIT; 'CODE';
CR:=3.14159265359/180;
MUENCHEN:
READ(SN);
'IF' SN 'EQUAL' 33333 'THEN' 'GO TO' BERLIN;
OUTPUT(1,'('*'('STABILITAETSUNTERSUCHUNG VON GELENKIGEN PFAHLWERKEN')',
//,'('NACH F. SCHIEL, STATIK DER PFAHLWERKE, 2. AUFL; BERLIN, 1969, ')',
'('SPRINGER-VERLAG')',//,'('GRUNDEINHEITEN:  MP, M, ALTGRAD')',///,
'('SYSTEM NR.')',3ZD')',SN);
READ(ZP,ZV,ZIT,EPS); IT:=0; KD:=QX:=QY:=QZ:=0;
'BEGIN' 'ARRAY' L,X,Y,Z,AL,OM,DH,LA,XFA,YFA,ZFA,XD,YD,ZD<1:ZP>,
GP,GSP<1:ZP,1:6>,LAMR,LAMI<1:ZV>,CD,CQ<1:ZV,1:ZV>;
'INTEGER' 'ARRAY' CC,RI<1:6>,JZ<1:ZV>;
'BOOLEAN' 'ARRAY' COMP<1:ZV>;
'PROCEDURE' FORM;
FORMAT('('//'('DIESE BERECHNUNG SETZT VORAUS, DASS NUR DIE FOLGENDEN ')',
'('BEWEGUNGSRICHTUNGEN ZUGELASSEN SIND:')',//6B,X(4B,D)')',ZV);
'PROCEDURE' LIST(LIP); 'PROCEDURE' LIP;
'BEGIN' 'INTEGER' I;
'FOR' I:=1 'STEP' 1 'UNTIL' ZV 'DO' LIP(JZ<I>)
'END' LIST;
OUTPUT(1,'('//5S,9B,S,4(15B,S),13B,5S,11B,5S')','('PFAHL')','('L')',
'('S')','('X')','('Y')','('Z')','('ALPHA')','('OMEGA')')';
'FOR' I:=1 'STEP' 1 'UNTIL' ZP 'DO' 'BEGIN'
READ(LA<I>,DH<I>,X<I>,Y<I>,Z<I>,AL<I>,OM<I>);
OUTPUT(1,'('/B,ZD2B,7(4B,-D.4D'-2ZD)')',
I,LA<I>,DH<I>,X<I>,Y<I>,Z<I>,AL<I>,OM<I>);
AL<I>:=AL<I>*CR; OM<I>:=OM<I>*CR; XD<I>:=YD<I>:=ZD<I>:=0;
C:=LA<I>; SA:=SIN(AL<I>);
XFA<I>:=X<I>+C*COS(AL<I>); YFA<I>:=Y<I>+C*SA*COS(OM<I>);
ZFA<I>:=Z<I>+C*SA*SIN(OM<I>) 'END';
READ(TX,TY,TZ,TAL,TOM);
OUTPUT(1,'('//'('LAGE UND RICHTUNG DER EINZELLAST:')',//14D,'('X')',15B,
'('Y')',15B,'('Z')',13B,'('ALPHA')',11B,'('OMEGA')',/5B,5(4B,-D.4D'-2ZD)')',
TX,TY,TZ,TAL,TOM);
'IF' ZV 'LESS' 6 'THEN' 'BEGIN'
READ(JZ); OUTLIST(1,FORM,LIST) 'END';
TAL:=CR*TAL; TOM:=CR*TOM;
H<2,3>:=COS(TAL); V:=SIN(TAL);
H<3,1>:=V*COS(TOM); H<1,2>:=V*SIN(TOM);
H<3,2>:=-H<2,3>; H<1,3>:=-H<3,1>; H<2,1>:=-H<1,2>;
'FOR' I:=1 'STEP' 1 'UNTIL' 3 'DO' F<I,I>:=H<I,I>:=0;
OUTPUT(1,'('//'('KRITISCHE LAST:')')')';
GOETTINGEN:
IT:=IT+1; 'IF' IT 'GREATER' ZIT 'THEN' 'GO TO' MUENCHEN;
'FOR' I:=1 'STEP' 1 'UNTIL' ZP 'DO' 'BEGIN'
X<I>:=X<I>+KD*XD<I>; Y<I>:=Y<I>+KD*YD<I>;
Z<I>:=Z<I>+KD*ZD<I>;
T:=XFA<I>-X<I>; U:=YFA<I>-Y<I>; V:=ZFA<I>-Z<I>;
```

```
C:=L<I>:=SQRT(T*T+U*U+V*V);
GP<I,1>:=T/C;   GP<I,2>:=U/C;   GP<I,3>:=V/C;
GP<I,4>:=-GP<I,2>*Z<I>+GP<I,3>*Y<I>;
GP<I,5>:=GP<I,1>*Z<I>-GP<I,3>*X<I>;
GP<I,6>:=-GP<I,1>*Y<I>+GP<I,2>*X<I> 'END';
CX:=CY:=CZ:=0;
'FOR' I:=1 'STEP' 1 'UNTIL' ZP 'DO' 'BEGIN'
U:=DH<I>   V:=U*(LA<I>-L<I>);
'FOR' J:=1 'STEP' 1 'UNTIL' 6 'DO' GSP<I,J>:=U*GP<I,J>;
CX:=CX+V*GP<I,1>;   CY:=CY+V*GP<I,2>;   CZ:=CZ+V*GP<I,3> 'END';
KRC:=SQRT(CX*CX+CY*CY+CZ*CZ);
'FOR' K:=1 'STEP' 1 'UNTIL' 6 'DO' 'FOR' J:=K 'STEP' 1 'UNTIL' 6 'DO' 'BEGIN'
V:=0;   'FOR' KK:=1 'STEP' 1 'UNTIL' ZP 'DO' V:=GP<KK,K>*GSP<KK,J>+V;
W<J,K>:=S<J,K>:=W<K,J>:=S<K,J>:=V 'END';
TX:=F<2,3>:=TX+KD*QX;   TY:=F<3,1>:=TY+KD*QY;   TZ:=F<1,2>:=TZ+KD*QZ;
F<3,2>:=-F<2,3>;   F<1,3>:=-F<3,1>;   F<2,1>:=-F<1,2>;
'FOR' I:=1 'STEP' 1 'UNTIL' 3 'DO' 'BEGIN'
'FOR' J:=1 'STEP' 1 'UNTIL' 6 'DO' Q<I,J>:=0;
'FOR' J:=1 'STEP' 1 'UNTIL' 3 'DO' Q<I+3,J>:=H<I,J> 'END';
'FOR' I:=1 'STEP' 1 'UNTIL' 3 'DO'
'FOR' J:=1 'STEP' 1 'UNTIL' 3 'DO' 'BEGIN'
V:=0;   'FOR' K:=1 'STEP' 1 'UNTIL' 3 'DO' V:=H<I,K>*F<K,J>+V;
Q<I+3,J+3>:=V 'END';
RV<1,1>:=H<2,3>;   RV<2,1>:=H<3,1>;   RV<3,1>:=H<1,2>;
RV<4,1>:=-Q<6,5>+Q<5,6>;   RV<5,1>:=Q<6,4>-Q<4,6>;
RV<6,1>:=-Q<5,4>+Q<4,5>;
'IF' ZV 'LESS' 6 'THEN'
'FOR' I:=1 'STEP' 1 'UNTIL' 6 'DO' 'BEGIN'
'FOR' J:=1 'STEP' 1 'UNTIL' ZV 'DO' 'BEGIN'
'IF' JZ<J> 'EQUAL' I 'THEN' 'GO TO' WUERZBURG 'END';   RV<I,1>:=0;
WUERZBURG:   'END';
LINDE(W,RV,6,1,'-7,'-7,C,J,K,COMP,CC,RI,HAMBURG);
'IF' J 'LESS' ZV 'THEN' 'GO TO' REGENSBURG;
'FOR' I:=1 'STEP' 1 'UNTIL' 6 'DO' VV<I>:=RV<I,1>;
QX:=VV<1>+TZ*VV<5>-TY*VV<6>;   QY:=VV<2>+TX*VV<6>-TZ*VV<4>;
QZ:=VV<3>+TY*VV<4>-TX*VV<5>;
'FOR' I:=1 'STEP' 1 'UNTIL' ZP 'DO' 'BEGIN'
'FOR' K:=1 'STEP' 1 'UNTIL' 6 'DO' 'FOR' J:=K 'STEP' 1 'UNTIL' 6 'DO'
W<K,J>:=W<J,K>:=GP<I,K>*GP<I,J>;
W<1,1>:=W<1,1>-1;   W<2,2>:=W<2,2>-1;   W<3,3>:=W<3,3>-1;
V:=L<I>;   XK:=X<I>;   YK:=Y<I>;   ZK:=Z<I>;
XF:=XFA<I>;   YF:=YFA<I>;   ZF:=ZFA<I>;
W<1,5>:=W<1,5>-ZK;   W<1,6>:=W<1,6>+YK;
W<2,4>:=W<2,4>+ZK;   W<2,6>:=W<2,6>-XK;
W<3,4>:=W<3,4>-YK;   W<3,5>:=W<3,5>+XK;
W<4,2>:=W<4,2>+ZF;   W<4,3>:=W<4,3>-YF;
W<5,1>:=W<5,1>-ZF;   W<5,3>:=W<5,3>+XF;
W<6,1>:=W<6,1>+YF;   W<6,2>:=W<6,2>-XF;
W<4,4>:=W<4,4>-YK*YF-ZK*ZF;   W<4,5>:=W<4,5>+XK*YF;
W<4,6>:=W<4,6>+XK*ZF;
W<5,4>:=W<5,4>+YK*XF;   W<5,5>:=W<5,5>-ZK*ZF-XK*XF;
W<5,6>:=W<5,6>+YK*ZF;
W<6,4>:=W<6,4>+ZK*XF;   W<6,5>:=W<6,5>+ZK*YF;
W<6,6>:=W<6,6>-XK*XF-YK*YF;
XD<I>:=VV<1>+ZK*VV<5>-YK*VV<6>;
YD<I>:=VV<2>+XK*VV<6>-ZK*VV<4>;
ZD<I>:=VV<3>+YK*VV<4>-XK*VV<5>;
U:=0;   'FOR' J:=1 'STEP' 1 'UNTIL' 6 'DO' U:=GSP<I,J>*RV<J,1>+U;
U:=U/V;
'FOR' K:=1 'STEP' 1 'UNTIL' 6 'DO' 'FOR' J:=1 'STEP' 1 'UNTIL' 6 'DO'
Q<K,J>:=Q<K,J>-U*W<K,J> 'END';
'IF' ZV 'LESS' 6 'THEN' 'BEGIN'
'FOR' I:=1 'STEP' 1 'UNTIL' ZV 'DO' 'BEGIN'
IC:=JZ<I>;
'FOR' J:=1 'STEP' 1 'UNTIL' ZV 'DO' 'BEGIN'
JC:=JZ<J>;
CD<I,J>:=S<IC,JC>;   CQ<I,J>:=Q<IC,JC> 'END' 'END' 'END' 'ELSE'
'FOR' I:=1 'STEP' 1 'UNTIL' 6 'DO' 'FOR' J:=1 'STEP' 1 'UNTIL' 6 'DO' 'BEGIN'
CD<I,J>:=S<I,J>;   CQ<I,J>:=Q<I,J> 'END';
LINDE(CD,CQ,ZV,ZV,'-7,'-7,C,J,K,COMP,CC,RI,HAMBURG);
```

```
'IF' J 'LESS' ZV 'OR' K 'LESS' ZV 'THEN' 'GOTO' HAMBURG;
QR1(ZV,CQ,LAMR,LAMI,FRANKFURT);
V:=0;   'FOR' I:=1 'STEP' 1 'UNTIL' ZV 'DO' 'BEGIN'
'IF' ABS(LAMI<I>) 'GREATER' '-8 'THEN' 'GOTO' KIEL;
'IF' LAMR<I> 'NOT GREATER' O 'THEN' 'GO TO' HEIDELBERG;
'IF' LAMR<I> 'GREATER' V 'THEN' V:=LAMR<I> 'END';
KRL:=1/V;  KD:=KRL-KRC;
OUTPUT(1,'('//6B,2ZD,'('. NAEHERUNG =')',3B,-D,4D'-2ZD')',IT,KRL);
'IF' KD 'LESS' EPS*KRL 'THEN' 'GO TO' MUENCHEN;
'GO TO' GOETTINGEN;
REGENSBURG:
OUTPUT(1,'('///'('ALARM ANZAHL DER ZUGELASSENEN BEWEGUNGSRICHTUNGEN ')',
'('ZU GROSS')'')')');  'GO TO' MUENCHEN;
HAMBURG:
OUTPUT(1,'('///'('ALARM MATRIX')'')')');  'GO TO' MUENCHEN;
FRANKFURT:
OUTPUT(1,'('///'('ALARM QR SCHRITTE')'')')');  'GO TO' MUENCHEN;
KIEL:
OUTPUT(1,'('///'('ALARM KOMPLEXER EIGENWERT')'')')');  'GO TO' MUENCHEN;
HEIDELBERG:
OUTPUT(1,'('///'('ALARM NICHT POSITIVER EIGENWERT')'')')');
'GO TO' MUENCHEN 'END';
BERLIN:
'END' STABILITY STUDY OF PILE FOUNDATIONS;
```

Prozedur LINDE

```
'PROCEDURE' LINDE(A,B,N,M,EPA,EPB,DT,RK,Z,COMP,CC,RI,EXIT);
'VALUE' N,M,EPA,EPB;  'REAL' EPA,EPB,DT;  'INTEGER' N,M,RK,Z;
'ARRAY' A,B;  'INTEGER' 'ARRAY' CC,RI;  'BOOLEAN' 'ARRAY' COMP;
'LABEL' EXIT;
'BEGIN'
'REAL' R,Y;  'INTEGER' I,J,K,S,J1,S1,V;  'ARRAY' XR<1:N>,EQB<1:M>;
R:=0;
'FOR' I:=1 'STEP' 1 'UNTIL' N 'DO' 'FOR' J:=1 'STEP' 1 'UNTIL' N 'DO' 'BEGIN'
'IF' ABS(A<I,J>) 'GREATER' R 'THEN' R:=ABS(A<I,J>) 'END';
EPA:=R*EPA;
'FOR' J:=1 'STEP' 1 'UNTIL' M 'DO' 'BEGIN'
R:=0;   'FOR' I:=1 'STEP' 1 'UNTIL' N 'DO' 'BEGIN'
'IF' ABS(B<I,J>) 'GREATER' R 'THEN' R:=ABS(B<I,J>) 'END';
EQB<J>:=R*EPB 'END';
'FOR' J:=1 'STEP' 1 'UNTIL' N 'DO' CC<J>:=RI<J>:=J;
'FOR' J:=1 'STEP' 1 'UNTIL' M 'DO' COMP<J>:='TRUE';
K:=N;   Z:=M;
'FOR' I:=1 'STEP' 1 'UNTIL' N 'DO' 'BEGIN'
Y:=0;   S1:=J1:=I;
'FOR' S:=I 'STEP' 1 'UNTIL' N 'DO' 'FOR' J:=I 'STEP' 1 'UNTIL' N 'DO' 'BEGIN'
'IF' ABS(A<S,J>) 'GREATER' Y 'THEN' 'BEGIN'
Y:=ABS(A<S,J>);   S1:=S;   J1:=J 'END' 'END';
'IF' Y 'NOT GREATER' EPA 'THEN' 'BEGIN'
K:=I-1;
'FOR' J:=1 'STEP' 1 'UNTIL' M 'DO' 'BEGIN'
'FOR' S:=I 'STEP' 1 'UNTIL' N 'DO' 'BEGIN'
'IF' ABS(B<S,J>) 'NOT LESS' EQB<J> 'THEN' 'BEGIN'
COMP<J>:='FALSE';   Z:=Z-1;   'GO TO' MUENSTER 'END' 'END';
MUENSTER:
'END';
'IF' Z 'NOT GREATER' O 'THEN' 'GO TO' EXIT;   'GO TO' BREMEN 'END';
'IF' S1 'GREATER' I 'THEN' 'BEGIN'
V:=RI<I>;   RI<I>:=RI<S1>;   RI<S1>:=V;
'FOR' J:=I 'STEP' 1 'UNTIL' N 'DO' 'BEGIN'
R:=A<I,J>;   A<I,J>:=A<S1,J>;   A<S1,J>:=R 'END';
'FOR' J:=1 'STEP' 1 'UNTIL' M 'DO' 'BEGIN'
R:=B<I,J>;   B<I,J>:=B<S1,J>;   B<S1,J>:=R 'END' 'END';
'IF' J1 'GREATER' I 'THEN' 'BEGIN'
V:=CC<I>;   CC<I>:=CC<J1>;   CC<J1>:=V;
'FOR' S:=1 'STEP' 1 'UNTIL' N 'DO' 'BEGIN'
R:=A<S,I>;   A<S,I>:=A<S,J1>;   A<S,J1>:= R 'END' 'END';
Y:=A<I,I>;   'FOR' S:=I+1 'STEP' 1 'UNTIL' N 'DO' 'BEGIN'
```

```
R:=A<S,I>/Y;
'FOR' J:=I+1 'STEP' 1 'UNTIL' N 'DO' A<S,J>:=A<S,J>-R*A<I,J>;
'FOR' J:=1 'STEP' 1 'UNTIL' M 'DO' B<S,J>:=B<S,J>-R*B<I,J> 'END'
'END';
BREMEN:
RK:=K;  'FOR' V:=1 'STEP' 1 'UNTIL' M 'DO' 'BEGIN'
'IF' COMP<V> 'THEN' 'BEGIN'
'FOR' I:=K 'STEP' -1 'UNTIL' 1 'DO' 'BEGIN'
R:=B<I,V>;  'FOR' J:=I+1 'STEP' 1 'UNTIL' K 'DO' R:=R-A<I,J>*XR<J>;
XR<I>:=R/A<I,I> 'END';
'FOR' I:=1 'STEP' 1 'UNTIL' K 'DO' B<CC<I>,V>:=XR<I> 'END' 'END';
'FOR' I:=K+1 'STEP' 1 'UNTIL' N 'DO' 'BEGIN'
S:=CC<I>;  CC<I>:=0;
'FOR' V:=1 'STEP' 1 'UNTIL' M 'DO' B<S,V>:=0 'END';
R:=A<1,1>;  'FOR' I:=2 'STEP' 1 'UNTIL' K 'DO' R:=A<I,I>*R;   DT:=ABS(R)
'END' LINDE;
```

Prozedur QR1

```
'PROCEDURE' QR1(N,A,LAMR,LAMI,EXIT);  'VALUE' N;  'INTEGER' N;
'ARRAY' A,LAMR,LAMI;  'LABEL' EXIT;
'COMMENT' THIS PROCEDURE IS TAKEN FROM THE LIBRARY OF THE LEIBNIZ-RECHENZENTRUM
         DER BAYERISCHEN AKADEMIE DER WISSENSCHAFTEN
LITERATURE:  FRANCIS, COMP. J. 4, P.256-271, 332-345
             WILKINSON, THE ALGEBRAIC EIGENVALUE PROBLEM, P.528-537
             HESSENBERG, DISS. DARMSTADT 1941
             OSBORNE, J. ACM 7, P.338-345
             SEE ALSO THE HANDBOOK SERIES IN NUM. MATH.
             THE PRESENT VERSION WAS WRITTEN BY DR. REINSCH, MUENCHEN
FLOATING POINT ACCURACY OF MACHINE IS TAKEN TO BE 3'-11 WITH BASE 16
IF AN EIGENVALUE REQUIRES MORE THAN 30 QR-STEPS THE PROCEDURE WILL BE TERMINATED
THROUGH A JUMP TO EXIT;
'BEGIN'
'REAL' S,T,U,V,X,Y,Z;
'INTEGER' I,J,K,L,M,N1,ITS;
'BOOLEAN' BB;
'PROCEDURE' EXC(M,N);  'VALUE' M,N;  'INTEGER' M,N;
'IF' J 'NOT EQUAL' M 'THEN' 'BEGIN'
'FOR' I:=L 'STEP' 1 'UNTIL' K 'DO' 'BEGIN'
U:=A<I,J>;  A<I,J>:=A<I,M>;  A<I,M>:=U 'END';
'FOR' I:=N 'STEP' 1 'UNTIL' K 'DO' 'BEGIN'
U:=A<J,I>;  A<J,I>:=A<M,I>;  A<M,I>:=U 'END' 'END';
S:=16*16;  L:=1;  K:=N;
L1:
'FOR' J:=K 'STEP' -1 'UNTIL' 1 'DO' 'BEGIN'
X:=0;  'FOR' I:=1 'STEP' 1 'UNTIL' K 'DO'
'IF' I 'NOT EQUAL' J 'THEN' X:=X+ABS(A<J,I>);
'IF' X 'EQUAL' 0 'THEN' 'BEGIN'
EXC(K,L);  K:=K-1;  'GO TO' L1 'END' 'END';
L2:
'FOR' J:=L 'STEP' 1 'UNTIL' K 'DO' 'BEGIN'
T:=0;  'FOR' I:=L 'STEP' 1 'UNTIL' K 'DO'
'IF' I 'NOT EQUAL' J 'THEN' T:=T+ABS(A<I,J>);
'IF' T 'EQUAL' 0 'THEN' 'BEGIN' EXC(L,L);  L:=L+1;  'GO TO' L2 'END' 'END';
ITER:
BB:='FALSE';  'FOR' I:=L 'STEP' 1 'UNTIL' K 'DO' 'BEGIN'
T:=X:=0;
'FOR' J:=L 'STEP' 1 'UNTIL' K 'DO' 'IF' J 'NOT EQUAL' 1 'THEN' 'BEGIN'
T:=T+ABS(A<J,I>);  X:=X+ABS(A<I,J>) 'END';
V:=X/16;  U:=1;  S:=T+X;
L3:
'IF' T 'LESS' V 'THEN' 'BEGIN'
U:=U*16;  T:=T*256;  'GO TO' L3 'END';
V:=X*16;
L4:
'IF' T 'NOT LESS' V 'THEN' 'BEGIN'
U:=U/16;  T:=T/256;  'GO TO' L4 'END';
'IF' (T+X)/U 'LESS' 0.95*S 'THEN' 'BEGIN'
V:=1/U;  BB:='TRUE';
```

```
'FOR' J:=L 'STEP' 1 'UNTIL' K 'DO' A<I,J>:=A<I,J>*V;
'FOR' J:=L 'STEP' 1 'UNTIL' K 'DO' A<J,I>:=A<J,I>*U 'END' 'END';
'IF' BB 'THEN' 'GO TO' ITER;
'FOR' M:=L+1 'STEP' 1 'UNTIL' K-1 'DO' 'BEGIN'
J:=M; S:=0; 'FOR' I:=M 'STEP' 1 'UNTIL' K 'DO'
'IF' ABS(A<I,M-1>) 'GREATER' ABS(S) 'THEN' 'BEGIN'
J:=I; S:=A<I,M-1> 'END';
EXC(M,M-1);
'IF' S 'NOT EQUAL' 0 'THEN' 'FOR' I:=M+1 'STEP' 1 'UNTIL' K 'DO' 'BEGIN'
T:=A<I,M-1>/S; 'IF' T 'NOT EQUAL' 0 'THEN' 'BEGIN'
'FOR' J:=M 'STEP' 1 'UNTIL' K 'DO' A<I,J>:=A<I,J>-T*A<M,J>;
'FOR' J:=L 'STEP' 1 'UNTIL' K 'DO'
A<J,M>:=A<J,M>+T*A<J,I> 'END' 'END' 'END';
TEST1:
'IF' N 'EQUAL' 0 'THEN' 'GO TO' FIN;
ITS:=0;
TEST2:
'FOR' L:=N 'STEP' -1 'UNTIL' 2 'DO' 'IF' ABS(A<L,L-1>) 'NOT GREATER'
3'-11*(ABS(A<L-1,L-1>)+ABS(A<L,L>)) 'THEN' 'GO TO' CONT1;
L:=1;
CONT1:
N1:=N-1; S:=A<N,N>;
'IF' L 'EQUAL' N 'THEN' 'GO TO' SINGLE;
X:=(A<N1,N1>-S)/2; Y:=A<N1,N>*A<N,N1>; Z:=X*X+Y;
'IF' L 'EQUAL' N1 'THEN' 'GO TO' PAIR;
'IF' ITS 'EQUAL' 30 'THEN' 'GO TO' EXIT;
'IF' ITS 'EQUAL' 10 'OR' ITS 'EQUAL' 20 'THEN' 'BEGIN'
T:=ABS(A<N1,N-2>)+ABS(A<N,N1>); 'U:=1.3*T; V:=T*T 'END' 'ELSE' 'BEGIN'
U:=A<N1,N1>+S; V:=A<N1,N1>*S-Y 'END';
ITS:=ITS+1;
'FOR' M:=N1-1 'STEP' -1 'UNTIL' L 'DO' 'BEGIN'
S:=A<M,M>; T:=A<M+1,M+1>; Z:=A<M+1,M>;
X:=S*(S-U)+V+A<M,M+1>*Z; Y:=Z*(S+T-U); Z:=A<M+2,M+1>*Z;
'IF' M 'EQUAL' L 'OR' ABS(A<M,M-1>) 'NOT GREATER'
3'-11*ABS(X)/(ABS(Y)+ABS(Z))*(ABS(A<M-1,M-1>)+ABS(S)+ABS(T)) 'THEN'
'GO TO' CONT2 'END';
CONT2:
'FOR' K:=M+2 'STEP' 1 'UNTIL' N 'DO' A<K,K-2>:=0;
'FOR' K:=M+3 'STEP' 1 'UNTIL' N 'DO' A<K,K-3>:=0;
'FOR' K:=M 'STEP' 1 'UNTIL' N1 'DO' 'BEGIN'
BB:=K 'LESS' N1; 'IF' K 'GREATER' M 'THEN' 'BEGIN'
X:=A<K,K-1>; Y:=A<K+1,K-1>;
Z:='IF' BB 'THEN' A<K+2,K-1> 'ELSE' 0 'END';
T:=ABS(X)+ABS(Y)+ABS(Z); 'IF' T 'EQUAL' 0 'THEN' 'GO TO' CONT3;
X:=X/T; Y:=Y/T; Z:=Z/T; S:=SQRT(X*X+Y*Y+Z*Z);
'IF' X 'LESS' 0 'THEN' S:=-S;
X:=X+S; U:=Y/X; V:=Z/X; X:=X/S; Y:=Y/S; Z:=Z/S;
'IF' K 'GREATER' M 'THEN' A<K,K-1>:=-S*T 'ELSE'
'IF' M 'GREATER' L 'THEN' A<K,K-1>:=-A<K,K-1>;
'FOR' J:=K 'STEP' 1 'UNTIL' N 'DO' 'BEGIN'
S:=A<K,J>+U*A<K+1,J>; 'IF' BB 'THEN' 'BEGIN'
S:=S+V*A<K+2,J>; A<K+2,J>:=A<K+2,J>-S*Z 'END';
A<K,J>:=A<K,J>-S*X; A<K+1,J>:=A<K+1,J>-S*Y 'END';
I:='IF' K+3 'GREATER' N 'THEN' N 'ELSE' K+3;
'FOR' J:=L 'STEP' 1 'UNTIL' I 'DO' 'BEGIN'
S:=A<J,K>*X+A<J,K+1>*Y; 'IF' BB 'THEN' 'BEGIN'
S:=S+A<J,K+2>*Z; A<J,K+2>:=A<J,K+2>-S*V 'END';
A<J,K>:=A<J,K>-S; A<J,K+1>:=A<J,K+1>-S*U 'END';
CONT3:
'END'; 'GO TO' TEST2;
SINGLE:
LAMR<N>:=S; LAMI<N>:=0; N:=N1; 'GO TO' TEST1;
PAIR:
V:=SQRT(ABS(Z)); 'IF' Z 'GREATER' 0 'THEN' 'BEGIN'
'IF' X 'LESS' 0 'THEN' V:=-V; V:=X+V;
LAMR<N1>:=S+V; LAMR<N>:=S-Y/V;
LAMI<N1>:=LAMI<N>:=0 'END' 'ELSE' 'BEGIN'
LAMR<N1>:=LAMR<N>:=S+X; LAMI<N1>:=V; LAMI<N>:=-V 'END';
N:=N-2; 'GO TO' TEST1;
FIN:
'END' QR1;
```

Eingabedaten zu den Beispielen

```
1,0,6,2,1,1,1,0,
1,3.5, 1, 0.5,19.0, 60,
1,3.5, 1,-0.5,19.0,300,
1,3.5, 0, 0.5, 6.5,  0,
1,3.5, 0,-0.5, 6.5,  0,
1,3.5,-1, 0.5,19.0,150,
1,3.5,-1,-0.5,19.0,210,
200, 20,20,10,-30,0,
200,-20,20,10,-30,0,
33333,
```

**Eingabedaten
zu Beispiel 1**

```
2,1,6,2,1,1,1,0,
1,3.5, 1, 0.5,19.0, 60,
1,3.5, 1,-0.5,19.0,300,
1,3.5, 0, 0.5, 6.5,  0,
1,3.5, 0,-0.5, 6.5,  0,
1,3.5,-1, 0.5,19.0,150,
1,3.5,-1,-0.5,19.0,210,
1,0.1,0.1,0.02,0.04,0.04,
200, 20,20,10,-30,0,
200,-20,20,10,-30,0,
33333,
```

**Eingabedaten
zu Beispiel 2**

```
3,10,16,1,2,1,1,1,
1,5.1, 3.0, 0.9,10,  90,
1,5.1, 1.5, 0.9,15,   0,
1,5.1, 0.0, 0.9, 0,   0,
1,5.1,-1.5, 0.9,15, 180,
1,5.1,-3.0, 0.9,10,  90,
1,5.1, 3.0,-0.9,10, -90,
1,5.1, 1.5,-0.9,15, 180,
1,5.1, 0.0,-0.9, 0,   0,
1,5.1,-1.5,-0.9,15,   0,
1,5.1,-3.0,-0.9,10, -90,
180,-50,
600, 30, 25,30, 120, 360,
600, 30, 25,30, 120,-360,
600, 30, 25,30,-120, 360,
600, 30, 25,30,-120,-360,
600, 30,-25,30, 120, 360,
600, 30,-25,30, 120,-360,
600, 30,-25,30,-120, 360,
600, 30,-25,30,-120,-360,
600,-30, 25,30, 120, 360,
600,-30, 25,30, 120,-360,
600,-30, 25,30,-120, 360,
600,-30, 25,30,-120,-360,
600,-30,-25,30, 120, 360,
600,-30,-25,30, 120,-360,
600,-30,-25,30,-120, 360,
600,-30,-25,30,-120,-360,
33333,
```

**Eingabedaten
zu Beispiel 3**

```
4,8,6,6,'-5,
10,'4,4.289, 1, 2,25, 90,
10,'4,4.289,-1, 2,25, 90,
10,'4,4.289,-2, 1,25,180,
10,'4,4.289,-2,-1,25,180,
10,'4,4.289,-1,-2,25,270,
10,'4,4.289, 1,-2,25,270,
10,'4,4.289, 2,-1,25,  0,
10,'4,4.289, 2, 1,25,  0,
4.289,0,0,0,0,
33333,
```

**Eingabedaten
zu Beispiel 4**

Beispiel 1

```
STATISCHE BERECHNUNG VON PFAHLWERKEN

NACH F. SCHIEL, STATIK DER PFAHLWERKE, 2. AUFL; BERLIN, 1969, SPRINGER-VERLAG

GRUNDEINHEITEN:  MP, M, ALTGRAD


SYSTEM NR.   1          PFAEHLE GELENKIG

PFAHL    S              X            Y            Z           ALPHA        OMEGA
  1   1.000E 0    3.500E 0    1.000E 0    5.000E-1    1.900E 1    6.000E 1
  2   1.000E 0    3.500E 0    1.000E 0   -5.000E-1    1.900E 1    3.000E 2
  3   1.000E 0    3.500E 0    0.000E-0    5.000E-1    6.500E 0    0.000E-0
  4   1.000E 0    3.500E 0    0.000E-0   -5.000E-1    6.500E 0    0.000E-0
  5   1.000E 0    3.500E 0   -1.000E 0    5.000E-1    1.900E 1    1.500E 2
  6   1.000E 0    3.500E 0   -1.000E 0   -5.000E-1    1.900E 1    2.100E 2


BELASTUNGEN:

LASTF    RX           RY           RZ           RA           RB           RC
  1   2.000E 2    2.000E 1    2.000E 1    1.000E 1   -3.000E 1    0.000E-0
  2   2.000E 2   -2.000E 1    2.000E 1    1.000E 1   -3.000E 1    0.000E-0


PFAHLKRAEFTE:

LASTFALL   1

PFAHL    N
  1   7.397E 1
  2   2.058E 1
  3   4.630E 1
  4   4.551E 1
  5   2.545E 1
  6  -4.940E 0

LASTFALL   2

PFAHL    N
  1   4.752E 1
  2  -5.868E 0
  3   2.618E 1
  4   2.539E 1
  5   7.304E 1
  6   4.265E 1


KONTROLLE:

LASTF    RX           RY           RZ           RA           RB           RC
  1   2.000E 2    2.000E 1    2.000E 1    1.000E 1   -3.000E 1    0.000E-0
  2   2.000E 2   -2.000E 1    2.000E 1    1.000E 1   -3.000E 1    0.000E-0


PFAHLKOPFVERSCHIEBUNGEN:

LASTF    VX           VY           VZ           VA           VB           VC
  1   3.604E 1    8.428E 1    9.448E 1    3.272E 0    1.168E 0    1.396E 0
  2   3.603E 1   -8.416E 1    9.448E 1    3.272E 0    1.168E 0   -1.227E 0
```

Beispiel 2

```
STATISCHE BERECHNUNG VON PFAHLWERKEN

NACH F. SCHIEL, STATIK DER PFAHLWERKE, 2. AUFL; BERLIN, 1969, SPRINGER-VERLAG

GRUNDEINHEITEN:  MP, M, ALTGRAD


SYSTEM NR.   2           PFAEHLE MIT EINSPANNUNG

PFAHL    H            X            Y            Z           ALPHA        OMEGA
  1   1.000E 0    3.500E 0    1.000E 0    5.000E-1    1.900E 1    6.000E 1
  2   1.000E 0    3.500E 0    1.000E 0   -5.000E-1    1.900E 1    3.000E 2
  3   1.000E 0    3.500E 0    0.000E-0    5.000E-1    6.500E 0    0.000E-0
  4   1.000E 0    3.500E 0    0.000E-0   -5.000E-1    6.500E 0    0.000E-0
  5   1.000E 0    3.500E 0   -1.000E 0    5.000E-1    1.900E 1    1.500E 2
  6   1.000E 0    3.500E 0   -1.000E 0   -5.000E-1    1.900E 1    2.100E 2

PFAHL    S           SQ1          SQ2          ST           SM1          SM2
  1   1.000E 0    1.000E-1    1.000E-1    2.000E-2    4.000E-2    4.000E-2

DIE RESTLICHEN PFAEHLE HABEN DIESELBEN STEIFIGKEITEN


BELASTUNGEN:

LASTF    RX           RY           RZ           RA           RB           RC
  1   2.000E 2    2.000E 1    2.000E 1    1.000E 1   -3.000E 1    0.000E-0
  2   2.000E 2   -2.000E 1    2.000E 1    1.000E 1   -3.000E 1    0.000E-0


SCHNITTKRAEFTE:

LASTFALL  1

PFAHL    N           Q1           Q2           MT           M1           M2
  1   6.953E 1   -6.553E-1    4.826E-1    7.526E-2   -6.427E-1   -1.626E 0
  2   3.219E 1   -2.018E 0    1.841E 0    2.371E-1   -1.061E 0   -1.621E 0
  3   4.748E 1   -6.563E-2    1.060E 0    1.413E-1   -2.975E-1   -6.398E-1
  4   2.841E 1    6.409E-1    1.060E 0    1.413E-1   -2.975E-1    6.666E-2
  5   2.825E 1   -1.144E 0   -6.440E-1   -6.614E-2   -3.375E-1   -1.041E 0
  6   1.330E-1   -1.270E 0    1.403E-1    2.733E-2   -5.788E-1   -3.780E-1

LASTFALL  2

PFAHL    N           Q1           Q2           MT           M1           M2
  1   3.543E 1   -3.098E-1    1.840E 0    2.371E-1   -1.060E 0   -7.070E-1
  2  -1.919E 0   -1.672E 0    4.836E-1    7.535E-2   -6.431E-1   -7.016E-1
  3   4.262E 1   -1.449E 0    1.060E 0    1.413E-1   -2.975E-1   -8.756E-1
  4   2.356E 1   -7.426E-1    1.060E 0    1.413E-1   -2.975E-1   -1.692E-1
  5   6.744E 1   -1.057E 0    1.398E-1    2.727E-2   -5.786E-1   -1.949E 0
  6   3.932E 1   -1.184E 0   -6.434E-1   -6.608E-2   -3.377E-1   -1.286E 0


KONTROLLE:

LASTF    RX           RY           RZ           RA           RB           RC
  1   2.000E 2    2.000E 1    2.000E 1    1.000E 1   -3.000E 1    6.869E-9
  2   2.000E 2   -2.000E 1    2.000E 1    1.000E 1   -3.000E 1    0.000E-0


PFAHLKOPFVERSCHIEBUNGEN:

LASTF    VX           VY           VZ           VA           VB           VC
  1   3.575E 1    7.166E 1    9.877E 1    4.861E 0    1.974E 1   -1.435E 1
  2   3.574E 1   -7.157E 1    9.877E 1    4.861E 0    1.974E 1    1.434E 1
```

Beispiel 3

```
PLASTIZITAETSUNTERSUCHUNG VON GELENKIGEN PFAHLWERKEN

NACH F. SCHIEL, STATIK DER PFAHLWERKE, 2. AUFL; BERLIN, 1969, SPRINGER-VERLAG

GRUNDEINHEITEN:  MP, M, ALTGRAD


SYSTEM NR.   3

PFAHL    S              X              Y              Z           ALPHA         OMEGA
   1   1.000E 0     5.100E 0     3.000E 0     9.000E-1     1.000E 1     9.000E 1
   2   1.000E 0     5.100E 0     1.500E 0     9.000E-1     1.500E 1     0.000E-0
   3   1.000E 0     5.100E 0     0.000E-0     9.000E-1     0.000E-0     0.000E-0
   4   1.000E 0     5.100E 0    -1.500E 0     9.000E-1     1.500E 1     1.800E 2
   5   1.000E 0     5.100E 0    -3.000E 0     9.000E-1     1.000E 1     9.000E 1
   6   1.000E 0     5.100E 0     3.000E 0    -9.000E-1     1.000E 1    -9.000E 1
   7   1.000E 0     5.100E 0     1.500E 0    -9.000E-1     1.500E 1     1.800E 2
   8   1.000E 0     5.100E 0     0.000E-0    -9.000E-1     0.000E-0     0.000E-0
   9   1.000E 0     5.100E 0    -1.500E 0    -9.000E-1     1.500E 1     0.000E-0
  10   1.000E 0     5.100E 0    -3.000E 0    -9.000E-1     1.000E 1    -9.000E 1


TRAGFAEIGKEITEN:

PFAHL  NMAX        NMIN
   1   1.800E 2   -5.000E 1

DIE RESTLICHEN PFAEHLE HABEN DIESELBEN TRAGFAEIGKEITEN


BELASTUNGEN:

LASTF    RX            RY            RZ            RA            RB            RC
   1   6.000E 2     3.000E 1     2.500E 1     3.000E 1     1.200E 2     3.600E 2
   2   6.000E 2     3.000E 1     2.500E 1     3.000E 1     1.200E 2    -3.600E 2
   3   6.000E 2     3.000E 1     2.500E 1     3.000E 1    -1.200E 2     3.600E 2
   4   6.000E 2     3.000E 1     2.500E 1     3.000E 1    -1.200E 2    -3.600E 2
   5   6.000E 2     3.000E 1    -2.500E 1     3.000E 1     1.200E 2     3.600E 2
   6   6.000E 2     3.000E 1    -2.500E 1     3.000E 1     1.200E 2    -3.600E 2
   7   6.000E 2     3.000E 1    -2.500E 1     3.000E 1    -1.200E 2     3.600E 2
   8   6.000E 2     3.000E 1    -2.500E 1     3.000E 1    -1.200E 2    -3.600E 2
   9   6.000E 2    -3.000E 1     2.500E 1     3.000E 1     1.200E 2     3.600E 2
  10   6.000E 2    -3.000E 1     2.500E 1     3.000E 1     1.200E 2    -3.600E 2
  11   6.000E 2    -3.000E 1     2.500E 1     3.000E 1    -1.200E 2     3.600E 2
  12   6.000E 2    -3.000E 1     2.500E 1     3.000E 1    -1.200E 2    -3.600E 2
  13   6.000E 2    -3.000E 1    -2.500E 1     3.000E 1     1.200E 2     3.600E 2
  14   6.000E 2    -3.000E 1    -2.500E 1     3.000E 1     1.200E 2    -3.600E 2
  15   6.000E 2    -3.000E 1    -2.500E 1     3.000E 1    -1.200E 2     3.600E 2
  16   6.000E 2    -3.000E 1    -2.500E 1     3.000E 1    -1.200E 2    -3.600E 2


UNTERSUCHUNG DER RUHENDEN BELASTUNGEN:

MASSGEBENDER LASTFALL:

LASTFALL  2 FHI= 1.451E 0

PFAHL     N
   1   1.800E 2
   2   1.800E 2
   3   1.800E 2
   4   9.495E 1
   5   1.226E 1
   6   3.332E 1
   7   4.343E 1
   8   8.801E 1
   9   1.266E 2
  10  -5.000E 1
```

  V. Programmierte Pfahlwerksberechnung

```
UNTERSUCHUNG DER WECHSELNDEN BELASTUNGEN:


ERGEBNIS:  FHI= 1.163E 0
NR. DER MASSGEBENDEN LASTFAELLE:  1     2


VERGLEICHSRECHNUNG:  ELASTISCHER FHI= 1.163E 0
```

Beispiel 4

```
STABILITAETSUNTERSUCHUNG VON GELENKIGEN PFAHLWERKEN

NACH F. SCHIEL, STATIK DER PFAHLWERKE, 2. AUFL; BERLIN, 1969, SPRINGER-VERLAG

GRUNDEINHEITEN:  MP, M, ALTGRAD


SYSTEM NR.   4

PFAHL    L            S            X            Y            Z            ALPHA        OMEGA
  1    1.000E 1    1.000E 4    4.289E 0    1.000E 0    2.000E 0    2.500E 1    9.000E 1
  2    1.000E 1    1.000E 4    4.289E 0   -1.000E 0    2.000E 0    2.500E 1    9.000E 1
  3    1.000E 1    1.000E 4    4.289E 0   -2.000E 0    1.000E 0    2.500E 1    1.800E 2
  4    1.000E 1    1.000E 4    4.289E 0   -2.000E 0   -1.000E 0    2.500E 1    1.800E 2
  5    1.000E 1    1.000E 4    4.289E 0   -1.000E 0   -2.000E 0    2.500E 1    2.700E 2
  6    1.000E 1    1.000E 4    4.789E 0    1.000E 0   -2.000E 0    2.500E 1    2.700E 2
  7    1.000E 1    1.000E 4    4.289E 0    2.000E 0   -1.000E 0    2.500E 1    0.000E-9
  8    1.000E 1    1.000E 4    4.289E 0    2.000E 0    1.000E 0    2.500E 1    0.000E-9

LAGE UND RICHTUNG DER EINZELLAST:

       X            Y            Z         ALPHA        OMEGA
    4.289E 0    0.000E-0    0.000E-0    0.000E-0    0.000E-0

KRITISCHE LAST:

  1. NAEHERUNG=  9.756E 3

  2. NAEHERUNG=  9.863E 3

  3. NAEHERUNG=  9.865E 3

  4. NAEHERUNG=  9.865E 3
```

VI. Entwurf von Pfahlwerken

1. Allgemeines

Bisher wurde die Aufgabe behandelt, für ein gegebenes Pfahlwerk mit gegebener Belastung die Schnittkräfte, Blockverschiebungen usw. zu berechnen. Beim praktischen Entwurf ist die Fragestellung anders: Für eine gegebene Belastung soll jenes Pfahlwerk gefunden werden, das diese Belastung mit hinreichender Sicherheit aufnehmen kann und das in wirtschaftlicher Hinsicht eine optimale Lösung darstellt. Diese Aufgabe kann man durch Probieren lösen, indem man verschiedene Vorentwürfe durchrechnet und den billigsten auswählt, der gerade noch die Sicherheitsanforderungen erfüllt.

Durch die programmierte automatische Berechnung ist dieses Probieren in weitem Umfang möglich und es sei besonders darauf hingewiesen, daß man mehrere Datensätze hintereinander reihen und in einem Lauf verarbeiten kann. Die Arbeit des Entwurfsverfassers besteht dann hauptsächlich in der Aufstellung der Vorentwürfe, während ihre Durchrechnung und Bewertung dem Rechenautomaten überlassen werden kann.

Es ist natürlich auch denkbar, die gesamte Aufstellung des Entwurfes zu programmieren. Die Ausgangsdaten wären dann einerseits die Komponenten der Belastung, andererseits die Tragfähigkeit der zu verwendenden Pfähle und die zu beachtenden konstruktiven Besonderheiten, wie z. B. der einzuhaltende Pfahlabstand. Die günstigste Anordnung der Pfähle würde durch den Rechenautomaten selbsttätig ermittelt werden. So lange es aber derartige, sicher ziemlich komplexe Programme nicht gibt, ist man darauf angewiesen, die ersten Schritte des Entwerfens selber zu machen.

Bei der Aufstellung des Vorentwurfs geht man zweckmäßigerweise meist von der Annahme gelenkiger Pfähle aus und paßt den Entwurf nachträglich den Einspannverhältnissen an.

Hinsichtlich der Belastungskomponenten ist zu bemerken, daß das *Blockgewicht* zunächst geschätzt werden muß, da es erst nach Aufstellung des Entwurfes berechnet werden kann. Diese anfängliche Unsicherheit in der Belastung ist noch größer bei Winkelstützmauern und Kaimauern, bei denen je nach der Entwurfsgestaltung eine beträchtliche Erdauflast zur Wirkung kommt. Der Zweck dieser Erdauflasten besteht unter anderem darin, die Neigung der Lastresultanten gegen die Vertikale zu verkleinern, um die Zugkräfte in den Pfählen zu vermindern. Mit der Verwendung von *Erdankern* kann man allerdings denselben Zweck weit billiger erreichen, so daß große Erdauflasten, die durch Pfähle auf den tragfähigen Baugrund übertragen werden müssen, möglichst nicht mehr vorgesehen werden sollten.

Wenn Pfähle und Erdanker in derselben Gründung verwendet werden, behandelt man in der statischen Berechnung die Erdanker wie gelenkige Pfähle entsprechend geringerer Steifigkeit. Wenn die Einspannung der Pfähle berücksichtigt wird, muß bei den Ankern $s_q = s_t = s_m = 0$ gesetzt werden.

2. Besondere Hinweise

Im ebenen symmetrischen zweibeinigen Pfahlbock, der mit einer Vertikalkraft V und einer Horizontalkraft $\pm H$ belastet ist, sind die Pfahlkräfte

$$\left.\begin{array}{c} N_1 \\ N_2 \end{array}\right\} = \frac{V}{2\cos\alpha} \pm \frac{H}{2\sin\alpha} = \frac{V}{2}\left(\frac{1}{\cos\alpha} \pm \frac{\tan\varrho}{\sin\alpha}\right) \quad \text{mit} \quad \tan\varrho = \frac{H}{V}.$$

Man kann nach der wirtschaftlichsten Pfahlneigung fragen, bei der die Summe der Größtwerte der Pfahlkräfte ein Minimum wird. Man erhält

$$\tan\alpha = \sqrt[3]{\tan\varrho},$$

aber diese Formel ist nur für sehr geringe Resultantenneigungen praktisch verwendbar.

Wenn mehrere Pfahlpaare zusammenwirken sollen, kann man die notwendige Anzahl der Pfähle nach folgender Formel abschätzen:

$$n = \frac{1}{N_\text{zul}}\left(\frac{V}{\cos\alpha} + \frac{H}{\sin\alpha}\right).$$

Die Pfahlwerke mit 2 Symmetrieebenen, wie sie unter Brückenpfeilern verwendet werden, kann man hinsichtlich der in diesen Ebenen wirkenden Lasten näherungsweise als Pfahlböcke auffassen. Dementsprechend benützt man zur ersten rohen Abschätzung der Pfahlzahl in solchen Pfahlwerken die Formel

$$n = \frac{1}{N_\text{zul}}\left(\frac{V}{\cos\alpha} + \frac{H_1 + H_2}{\sin\alpha}\right).$$

Darin sind die Momente nicht berücksichtigt, die durch die wechselnde Höhenlage der in zwei Richtungen wirkenden Horizontalkräfte H_1 und H_2 erzeugt werden; die wirkliche Pfahlzahl muß daher entsprechend höher angenommen werden.

Bei geneigter Resultantenlage empfiehlt es sich, die Pfähle so zu verteilen, daß die Hauptsteifigkeitsachse von der Angriffslinie der Resultante möglichst wenig abweicht. Bei starker Resultantenneigung ist das nur durch Mitwirkung von Erdankern zu erreichen.

Wenn die Einspannwirkung der Pfähle sehr gering ist, soll der Vorentwurf so angeordnet werden, daß die Horizontalkräfte durch die mit gelenkigen Pfählen bestimmten elastischen Mittelpunkte gehen. Mit zunehmender Einspannwirkung rücken die elastischen Mittelpunkte des Pfahlwerks näher an die Höhenlage der individuellen elastischen Mittelpunkte der Pfähle heran, also im allgemeinen tiefer. Um die elastischen Achsen bei eingespannten Pfählen zu berechnen, kann man von den Elementen der Steifigkeitsmatrix ausgehen, die bei programmierter Rechnung nach den oben gegebenen Programmen gesondert ausgedruckt werden können.

Die bei der programmierten Berechnung ausgedruckten Blockverschiebungen sind bei einzeln stehenden Pfahlgründungen meist von geringem Interesse. Bei Pfahlgründungen, die als elastisch nachgiebige Auflager statisch unbestimmter Konstruktionen dienen, bilden diese Verschiebungen dagegen den Ausgangspunkt der statischen Berechnung des Gesamtbauwerkes.

α^0	$\cot\alpha$	$\sin\alpha$	$\cos\alpha$	$\sin\alpha\cos\alpha$	$\sin^2\alpha$	$2\sin^2\alpha$	$4\sin^2\alpha$	$6\sin^2\alpha$	$8\sin^2\alpha$	$\cos^2\alpha$	$2\cos^2\alpha$	$4\cos^2\alpha$	$6\cos^2\alpha$	$8\cos^2\alpha$
$4^1/_2$	12,71	0,0785̄	0,9969	0,0782	0,0062	0,0123	0,0246	0,0369	0,0492	0,9938	1,9877	3,9754	5,9631	7,9507
5	11,43	0,0872	0,9962	0,0868	0,0076	0,0152	0,0304	0,0456	0,0608	0,9924	1,9848	3,9696	5,9544	7,9392
$5^1/_2$	10,39	0,0958	0,9954	0,0954	0,0092	0,0184	0,0367	0,0551	0,0735̄	0,9908	1,9816	3,9633	5,9449	7,9265̄
6	9,514	0,1045̄	0,9945̄	0,1040	0,0109	0,0219	0,0437	0,0656	0,0874	0,9891	1,9781	3,9563	5,9344	7,9126
$6^1/_2$	8,777	0,1132	0,9936	0,1125̄	0,0128	0,0256	0,0513	0,0769	0,1025̄	0,9872	1,9744	3,9487	5,9231	7,8975̄
7	8,144	0,1219	0,9925̄	0,1210	0,0149	0,0297	0,0594	0,0891	0,1188	0,9851	1,9703	3,9406	5,9109	7,8812
$7^1/_2$	7,596	0,1305̄	0,9914	0,1294	0,0170	0,0341	0,0681	0,1022	0,1363	0,9830	1,9659	3,9319	5,8978	7,8637
8	7,115̄	0,1392	0,9903	0,1378	0,0194	0,0387	0,0775̄	0,1162	0,1550	0,9806	1,9613	3,9225̄	5,8838	7,8450
$8^1/_2$	6,691	0,1478	0,9890	0,1462	0,0218	0,0437	0,0874	0,1311	0,1748	0,9782	1,9563	3,9126	5,8689	7,8252
9	6,314	0,1564	0,9877	0,1545̄	0,0245̄	0,0489	0,0979	0,1468	0,1958	0,9755̄	1,9511	3,9021	5,8532	7,8042
$9^1/_2$	5,976	0,1650	0,9863	0,1628	0,0272	0,0545̄	0,1090	0,1634	0,2179	0,9728	1,9455̄	3,8910	5,8366	7,7821
10	5,671	0,1736	0,9848	0,1710	0,0302	0,0603	0,1206	0,1809	0,2412	0,9698	1,9397	3,8794	5,8191	7,7588
$10^1/_2$	5,396	0,1822	0,9833	0,1792	0,0332	0,0664	0,1328	0,1993	0,2657	0,9668	1,9336	3,8672	5,8007	7,7343
11	5,145̄	0,1908	0,9816	0,1873	0,0364	0,0728	0,1456	0,2184	0,2913	0,9636	1,9272	3,8544	5,7815̄	7,7087
$11^1/_2$	4,915̄	0,1994	0,9799	0,1954	0,0397	0,0795̄	0,1590	0,2385̄	0,3180	0,9603	1,9205̄	3,8410	5,7615̄	7,6820
12	4,705̄	0,2079	0,9781	0,2034	0,0432	0,0865̄	0,1729	0,2594	0,3458	0,9568	1,9135̄	3,8271	5,7406	7,6542
$12^1/_2$	4,511	0,2164	0,9763	0,2113	0,0468	0,0937	0,1874	0,2811	0,3748	0,9532	1,9063	3,8126	5,7189	7,6252
13	4,331	0,2250	0,9744	0,2192	0,0506	0,1012	0,2024	0,3036	0,4048	0,9494	1,8988	3,7976	5,6934	7,5952
$13^1/_2$	4,165̄	0,2334	0,9724	0,2270	0,0545̄	0,1090	0,2180	0,3270	0,4360	0,9455̄	1,8910	3,7820	5,6730	7,5640
14	4,011	0,2419	0,9703	0,2347	0,0585̄	0,1171	0,2341	0,3512	0,4682	0,9415̄	1,8829	3,7659	5,6488	7,5318
$14^1/_2$	3,867	0,2504	0,9681	0,2424	0,0627	0,1254	0,2508	0,3761	0,5015̄	0,9373	1,8746	3,7492	5,6239	7,4985̄
15	3,606	0,2588	0,9659	0,2500	0,0670	0,1340	0,2679	0,4019	0,5359	0,9330	1,8660	3,7321	5,5981	7,4641
16	3,487	0,2756	0,9613	0,2650	0,0760	0,1520	0,3039	0,4559	0,6078	0,9240	1,8480	3,6961	5,5441	7,3922
17	3,271	0,2924	0,9563	0,2796	0,0855̄	0,1710	0,3419	0,5129	0,6839	0,9145̄	1,8290	3,6581	5,4871	7,3162

18	3,078	0,3090	0,9511	0,2939	0,0955̄	0,1910	0,3820	0,5729	0,7639	0,9045̄	1,8090	3,6180	5,4271	7,2361
19	2,904	0,3256	0,9455	0,3078	0,1060	0,2120	0,4240	0,6360	0,8480	0,8940	1,7880	3,5760	5,3640	7,1520
20	2,747	0,3420	0,9397	0,3214	0,1170	0,2340	0,4679	0,7019	0,9358	0,8830	1,7660	3,5321	5,2981	7,0642
22	2,475̄	0,3746	0,9272	0,3473	0,1403	0,2807	0,5613	0,8420	1,1226	0,8597	1,7193	3,4387	5,1580	6,8774
24	2,246	0,4067	0,9135̄	0,3716	0,1654	0,3309	0,6617	0,9926	1,3235̄	0,8346	1,6691	3,3383	5,0074	6,6755̄
26	2,050	0,4348	0,8988	0,3940	0,1922	0,3843	0,7687	1,1530	1,5374	0,8078	1,6157	3,2313	4,8470	6,4626
14:1	0,0712	0,9975̄	0,0711	0,0051	0,0102	0,0203	0,0305̄	0,0406	0,9949	1,9898	3,9797	5,9695̄	7,9594	
13:1	0,0767	0,9971	0,0765̄	0,0059	0,0118	0,0235̄	0,0353	0,0471	0,9941	1,9882	3,9765̄	5,9647	7,9529	
12:1	0,0830	0,9965̄	0,0828	0,0069	0,0138	0,0276	0,0414	0,0552	0,9931	1,9862	3,9724	5,9586	7,9448	
11:1	0,0905̄	0,9959	0,0902	0,0082	0,0164	0,0328	0,0492	0,0656	0,9918	1,9836	3,9672	5,9508	7,9344	
10:1	0,0995̄	0,9950	0,0990	0,0099	0,0198	0,0396	0,0594	0,0792	0,9901	1,9802	3,9604	5,9406	7,9208	
9:1	0,1104	0,9939	0,1098	0,0122	0,0244	0,0488	0,0732	0,0976	0,9878	1,9756	3,9512	5,9268	7,9024	
8:1	0,1240	0,9923	0,1231	0,0154	0,0308	0,0615̄	0,0923	0,1231	0,9846	1,9692	3,9385̄	5,9077	7,8769	
7:1	0,1414	0,9899	0,1400	0,0200	0,0400	0,0800	0,1200	0,1600	0,9800	1,9600	3,9200	5,8800	7,8400	
6:1	0,1644	0,9864	0,1622	0,0270	0,0541	0,1081	0,1622	0,2162	0,9730	1,9459	3,8919	5,8378	7,7838	
5:1	0,1961	0,9806	0,1923	0,0385̄	0,0769	0,1538	0,2308	0,3077	0,9615̄	1,9231	3,8462	5,7692	7,6923	
4:1	0,2425̄	0,9701	0,2353	0,0588	0,1176	0,2353	0,3529	0,4706	0,9412	1,8824	3,7647	5,6471	7,5294	
24:7	0,2800	0,9600	0,2688	0,0784	0,1568	0,3136	0,4704	0,6272	0,9216	1,8432	3,6864	5,5296	7,3728	
10:3	0,2873	0,9578	0,2752	0,0826	0,1651	0,3303	0,4954	0,6606	0,9174	1,8349	3,6697	5,5046	7,3394	
3:1	0,3162	0,9487	0,3000	0,1000	0,2000	0,4000	0,6000	0,8000	0,9000	1,8000	3,6000	5,4000	7,2000	
10:4	0,3714	0,9285̄	0,3448	0,1379	0,2759	0,5517	0,8276	1,1034	0,8621	1,7241	3,4483	5,1724	6,8966	
7:3	0,3939	0,9191	0,3621	0,1552	0,3103	0,6207	0,9310	1,2414	0,8448	1,6897	3,3793	5,0690	6,7586	
9:4	0,4061	0,9138	0,3711	0,1649	0,3299	0,6598	0,9897	1,3196	0,8351	1,6701	3,3402	5,0103	6,6804	
2:1	0,4472	0,8944	0,4000	0,2000	0,4000	0,8000	1,2000	1,6000	0,8000	1,6000	3,2000	4,8000	6,4000	
3:2	0,5547	0,8321	0,4615̄	0,3077	0,6154	1,2308	1,8462	2,4615̄	0,6923	1,3846	2,7692	4,1538	5,5385̄	
4:3	0,6000	0,8000	0,4800	0,3600	0,7200	1,4400	2,1600	2,8800	0,6400	1,2800	2,5600	3,8400	5,1200	

Literaturhinweise

BARRAND, Y., D. MARTIN u. B. MONTEL: Fondations profondes sollicitées à l'arrachement, Construction (1965) 144.

BROMS, B. B.: Lateral resistance of piles in cohesive soils, Proc. ASCE, J. Soil Mec. Found. (1964) paper 3825, 27—63.

BROMS, B. B.: Lateral resistance of piles in cohesionless soils, Proc. ASCE, J. Soil Mec. Found. (1964) paper 3909, 123—157.

CAMBEFORT, H.: Essai sur le comportement en terrain homogène de pieux isolé et de groupes de pieux, Ann. Inst. Tech. Bât. Trav. Publ. (1964) 1477—1518.

DEMONSABLON: Le calcul à la rupture des fondations sur groupes de pieux, Construction (1965) 279—289.

FRANCIS, A. J.: Analysis of pile groups with flexural resistance, J. ASCE, SM 3 (1964) 1—32.

HANSEN, B.: A new design method for pile fondations, Mitt. Geot. Inst., Kopenhagen (1959) Bull. 6.

MASSONET, C. u. H. MANS: Force portante plastique des systèmes des pieux, Lisboa 1962, Symposium sobre o uso de computadores em Engenharia Civil, paper 12, 1—15.

OLLILA, M.: Allgemeine Methode für die Berechnung von beliebigen Pfahlgruppen bei Annahme eines unendlich steifen Grundblockes, Bautechnik (1968) 299—306.

SANSONI, R.: Pali e fondazione su pali, Milano: Hoepli 1963.

SCHIEL, F.: Sobre a estabilidade de um corpo apoiado em barras, Escola de Engenharia de São Carlos, 1962.

SMOLTCZYK: Die Biegebeanspruchung axialsymmetrischer Pfahlroste, Bauingenieur (1965) 387—391.

STAMATO, M. C.: Determinação dos esforços nas barras elásticas que vinculam um corpo rígido, Escola de Engenharia de São Carlos, 1964.

ZIMIRSKI: Verstärkung von Kaimauern, Bauingenieur (1965) 381—387.

Sachverzeichnis

Additional material from *Statik der Pfahlwerke*

ISBN 978-3-540-05006-3, is available at http://extras.springer.com